Joël Zoungrana

Variations intrasaisonnières des précipitations au Burkina Faso

Joël Zoungrana

Variations intrasaisonnières des précipitations au Burkina Faso

Éditions universitaires européennes

Impressum / Mentions légales

Bibliografische Information der Deutschen Nationalbibliothek: Die Deutsche Nationalbibliothek verzeichnet diese Publikation in der Deutschen Nationalbibliografie; detaillierte bibliografische Daten sind im Internet über http://dnb.d-nb.de abrufbar.

Information bibliographique publiée par la Deutsche Nationalbibliothek: La Deutsche Nationalbibliothek inscrit cette publication à la Deutsche Nationalbibliografie; des données bibliographiques détaillées sont disponibles sur internet à l'adresse http://dnb.d-nb.de.

Coverbild / Photo de couverture: www.ingimage.com

Verlag / Editeur:
Éditions universitaires européennes
ist ein Imprint der / est une marque déposée de
OmniScriptum GmbH & Co. KG
Heinrich-Böcking-Str. 6-8, 66121 Saarbrücken, Deutschland / Allemagne
Email: info@editions-ue.com

Herstellung: siehe letzte Seite /
Impression: voir la dernière page
ISBN: 978-3-8416-7951-2

REMERCIEMENTS

Je voudrais tout d'abord, dire ma reconnaissance à mon employeur, l'Agence pour la Sécurité de la Navigation Aérienne en Afrique et à Madagascar (ASECNA), notamment à son Directeur Général Youssouf Mahamat et au Directeur des Ressources Humaines Mohamed Moussa, pour avoir accepté ma mise en position de formation longue durée et sa prise en charge totale. Mes remerciements vont aussi à toute ma hiérarchie, à tous les responsables et à tous ceux qui ont contribué de quelque manière que ce soit, à la réalisation de cette formation que j'attendais depuis 2004.

Je voudrais ensuite exprimer du fond du cœur, ma profonde gratitude à Pascal Roucou. Au-delà de sa patience et de la qualité de son encadrement au cours de mon stage au CRC, son tutorat pour moi déborde largement du cadre académique et scientifique. Je lui dois beaucoup dans mon admission et mon accueil à l'Université de Bourgogne.

Je suis également très reconnaissant envers Emmanuelle Vennin, Bernard Fontaine et l'ensemble du personnel du CRC (administration, enseignants chercheurs, doctorants). J'ai intégré une véritable famille et un cadre convivial durant mon stage. Merci à Michèle pour la relecture du mémoire.

Un remerciement spécial est adressé à Ali Jacques Garané, Directeur de la Météorologie du Burkina, à Gil Mahé et à Romain, pour avoir accepté de mettre à ma disposition les données sur lesquelles j'ai travaillé.

Je tiens tout aussi à remercier Astel Diop grâce à qui j'ai été temporairement hébergé à la résidence Sully une semaine durant, avant d'être pris en compte par le CROUS.

Merci à tous mes compagnons d'études et amis que j'ai côtoyés tout au long de l'année: Julien Villery, Julien Guigue, David, Anthony, Marie, Clémence, Maud, Florie, Martin, Kaboré, Philip, Patrick, Kanouté, Catherine, à tous.

Enfin, un grand merci à ma famille pour son soutien durant ces difficiles moments d'éloignement. Merci surtout à mon épouse Olga, qui a accepté d'arrêter momentanément de travailler afin de rester auprès de nos enfants pendant ma longue absence.

SOMMAIRE

LISTE DES ACRONYMES

AMMA	*Analyse Multidisciplinaire de la Mousson Africaine*
AEJ	*African Easterly Jet*
ASECNA	*Agence pour la Sécurité de la Navigation Aérienne en Afrique et à Madagascar*
CAH	*Classification Ascendante Hiérarchique*
CCD	*Convergence des basses couches, Convergence des couches moyennes, Divergence des hautes couches.*
CRC	*Centre de Recherches en Climatologie*
DJF	*Décembre Janvier Février*
DM	*Direction de la Météorologie du Burkina*
GIEC	*Groupe d'experts Intergouvernemental sur l'Evolution du Climat.*
IRD	*Institut de Recherche en Développement*
JAS	*Juillet Août Septembre*
OACI	*Organisation de l'Aviation Civile Internationale*
OMM	*Organisation Météorologique Mondiale*
PANA	*Programme d'Action Nationale d'Adaptation à la variabilité et aux changements climatiques*
TEJ	*Tropical Easterly Jet*
TSO	*Températures de Surface des Océans*
WAMP	*West African Monsoon Project*
ZCIT	*Zone de Convergence Inter Tropicale*

ABSTRACT

Intraseasonal variability of rainfall is studied at the scale of Burkina Faso, one of the Sahelian countries of West Africa. Sahel Drought is well documented (Charney[1], 1975; Folland[2], 1986; Dai[3], 2004). Beside the negative impact of this long term interannual variability, intraseasonal variability of rainfall also affects the agricultural yields of the region (Sultan[4], 2002). Sultan and Janicot[5], (2000) found that the migration of the Inter Tropical Convergence Zone, accompanying the Northward movement of the monsoon in Sahel inlands, is not continuous. It is rather made of abrupt shifts between equilibrium positions. Following those results, Louvet[6] et al. (2003) found that the monsoon onset in West Africa is characterized by a succession of intensive rainfall phases and stagnation or regression phases also called pauses. They established at the regional scale, a mean calendar for the pauses. Specifying these results at the local scale of Burkina Faso, would be a contribution to the understanding of this phenomenon, and would help for more effective local applications.

We used daily observed rainfall data of Burkina Faso, covering 59 years from 1950 to 2008. Three indexes (North, Center-South, and South-West) were built using the objective method of hierarchical ascendant classification. The data were filtered by the low pass filter of Butterworth to eliminate frequencies less than 30 days, corresponding to daily and synoptic fluctuations. The pauses were detected year by year at each index with a simple criterion defining a pause, as continuous period of at least ten days, during which the differences of daily rainfall for consecutive days are less than zero. Four pauses were detected, but only those which are situated within the climatological period of the monsoon season in Burkina Faso were considered. So, three pauses were considered and classified as pause # 2, pause # 3 and pause # 4, to allow comparison with the regional calendar of Louvet[6] et al. (2003). Then, a local calendar was established by making the arithmetical mean of the dates of each pause on the total years in which the pauses were detected. We found that the pauses of the three indexes are synchronal. The pause # 2 ends meanly between the 10th and the 17th of May, just at the beginning at the monsoon season. The pause # 3 and pause # 4 meanly end respectively between the 19th and 22nd of June, and between the 28th of July and the 4th of August. This local calendar is in accordance with the regional calendar established by Louvet[6] et al. (2003).

Then we studied, using statistical methods, the interannual variability of the calendar throughout our period of study. The aim was to seek for eventual correlations which could help in predicting the pauses and some useful parameters of the annual rainfall cycle, such as the rainfall seasonal amounts. We found significant linear positive correlations between the pauses, indicating that a change (advance/delay) in the date of a given pause should be followed by the same change for the following pause. Studying the impact of the Drought on the local calendar of the pauses, we found no significant change, in accordance with Louvet[6] et al., (2003) at the regional scale and with Dieng[7] et al. (2008) at Senegal scale. We compared the distribution of some useful rainfall cycle parameters (seasonal rainfall amount, date of end of the monsoon onset, maximum value of the difference of consecutive daily filtered rainfall) corresponding to advanced pauses years and delayed pauses years. We found two significant differences for the South-West index. Comparatively to the value for delayed pause # 3 years, for advanced pause # 3 years, the mean of seasonal rainfall amounts is more important (surplus of 90 millimeters), and the mean date of end of the monsoon onset is postponed 18 days. The local calendar that we established can be use to plan local activities subjected to seasonal rainfall variability, when the discovered correlations can help in predicting the pauses, the seasonal rainfall amounts and the duration of the monsoon onset.

Key words: Burkina Faso, climatology, monsoon, rainfall, West Africa.

Introduction Générale

Objet et intérêt

Ce travail s'inscrit dans le domaine de la climatologie diagnostique visant à améliorer les connaissances sur les variabilités climatiques. Il s'intéresse précisément à la variabilité intrasaisonnière des précipitations de mousson en Afrique de l'Ouest, notamment à l'échelle locale du Burkina Faso.

Dans les régions tropicales, caractérisées par l'absence d'un contraste thermique marqué entre les saisons, ce sont les précipitations qui rythment la saisonnalité du climat. Au Sahel et dans toute la région ouest africaine, la maitrise de la variabilité des précipitations a toujours constitué un défi, tant pour la communauté scientifique, que pour les populations et tous les acteurs de développement. Dans son quatrième rapport d'évaluation, le Groupe d'experts Intergouvernemental sur l'Evolution du Climat (GIEC), a estimé que les projections climatiques au 21è siècle sur la région ouest africaine demeurent entachées d'incertitudes. L'une des causes principales de ces incertitudes est le manque d'une parfaite maitrise des processus et mécanismes physiques qui pilotent la variabilité des précipitations. Le GIEC estime en effet que les difficultés des modèles à réaliser des projections et simulations fiables en Afrique de l'Ouest, proviennent pour une large part, des limites de la paramétrisation des précipitations de la région. Au niveau des populations de la région, l'adaptation à la variabilité des précipitations constitue simplement un enjeu vital. La majeure partie de la population sahélienne vit d'une agriculture de type pluvial ou d'un élevage extensif largement tributaires, non seulement des cumuls pluviométriques saisonniers, mais aussi de la variabilité intrasaisonnière des précipitations. Or les précipitations dans cette région sont particulièrement connues pour leurs fortes variabilités à toutes les échelles spatio-temporelles. La variabilité la plus connue tant par son ampleur, sa durée, que par son impact négatif sur les populations, est la forte baisse à l'échelle pluridécennale communément appelée la Sécheresse au Sahel (Charney[1], 1975 ; Folland[2] et al. 1986 ; Dai[3], 2004 ; Giannini[8] et al. 2003). Cette forte et durable péjoration des précipitations que l'on situe en moyenne de 1970 à 1990 (Folland[2] et al. 1986 ; Janicot et fontaine[9], 1993), a au-delà du sahel, affecté toute l'Afrique de l'Ouest (Paturel[10], 1995).

Ces enjeux tout aussi scientifiques que pratiques, sont sans doute à l'origine de la forte mobilisation de la communauté scientifique qui, depuis les décennies 70, a conduit de nombreux projets, études et campagnes, destinés à améliorer les connaissances sur les processus qui déterminent les variabilités des précipitations en Afrique de l'Ouest. Le projet WAMP (West African Moonson Project) par exemple s'est intéressé aux variabilités pluviométriques à plusieurs échelles temporelles (Janicot[11], 1997). Au nombre des travaux qui se sont orientés plus spécifiquement sur la variabilité intrasaisonnière des précipitations de la région, on peut citer entre autres, ceux de Sultan et Janicot[5], (2000) ; Louvet[6] et al. (2003) ; Matthews[12], (2004) ; Mounier[13], (2005).

Sultan et Janicot[5], (2000) ont notamment montré que la phase d'installation de la mousson n'était pas continue, mais qu'elle était plutôt modulée par des transitions abruptes entre positions d'équilibres. Ces positions d'équilibres à 5° N et à 20°N marquent respectivement l'installation de la première saison des pluies en Afrique de l'Ouest Guinéenne et l'unique saison des pluies au Soudan-Sahel. L'influence de cette modulation intrasaisonnière sur les rendements agricoles au Soudan-Sahel a été montrée par Sultan[4], (2002). Les travaux de Louvet[6] et al. (2003) réalisés dans le cadre du projet AMMA (Analyses Multidisciplinaires de la Mousson Africaine), ont permis de mettre en évidence que la phase d'installation (montée) de la mousson sur le continent, est caractérisée par une alternance entre des séquences d'intensification des précipitations (phases actives) et des séquences de stagnation ou régression (phases inactives ou pauses). Un calendrier moyen de ces pauses a été établi à l'échelle de toute la région Guinée- Soudan-Sahel. Cette modulation a un impact sur le cycle de vie des cultures et le développement des vecteurs du paludisme.

Problématique

Au regard de la forte variabilité temporelle des précipitations, notamment des précipitations de la région (Nicholson et Palao[14], 1993), on peut se demander si ces importants résultats, établis à l'échelle de toute l'Afrique de l'Ouest, sont applicables à l'échelle d'un pays ou d'une partie d'un pays. Ce qui revient à poser la problématique de précision et d'adaptation de connaissances, d'une échelle plus grande à une autre plus petite. Ce travail de précision ne manque pas d'intérêt pratique, car l'exploitation de ces résultats pour des études d'impacts à l'échelle d'une région agricole ou d'un district sanitaire, requiert qu'ils soient adaptés aux échelles spatiales correspondantes. A notre connaissance, aucun travail de ce genre n'avait encore été réalisé pour notre pays, le Burkina Faso.

Le Burkina Faso est un des pays Soudano-Sahéliens les plus sensibles aux variabilités climatiques et particulièrement à celles des précipitations. Pour y faire face, le pays s'est doté d'un Programme d'Action Nationale d'Adaptation aux variabilités et changements climatiques (PANA). Une meilleure connaissance de la modulation de la phase d'installation de la mousson à l'échelle locale peut certainement contribuer à l'élaboration de bonnes stratégies d'adaptation à la variabilité des précipitations. Aussi, notre travail devrait permettre de répondre à un besoin réel en proposant des éléments de réponse aux questions suivantes :

1. Quels sont le nombre et le calendrier des pauses dans la phase d'installation de la mousson au Burkina Faso ?
2. Ce calendrier a-t-il subi des modifications sensibles au cours de la période d'étude, notamment au passage de la période de la sécheresse au Sahel ?
3. Existe-t-il des corrélations significatives entre pauses d'une part, et d'autre part entre pauses et certains paramètres du cycle annuel des précipitations (cumuls saisonniers, date de fin de phase d'installation de la mousson) dont la prévision permettrait la prise de mesures préventives d'adaptation?

Organisation du mémoire

Le présent mémoire est organisé en trois chapitres. Le premier chapitre s'attachera à présenter une synthèse bibliographique sur la mousson ouest africaine et un aperçu climatologique du cadre spatial de l'étude, le Burkina Faso. Le second chapitre sera consacré aux données et méthodes utilisées pour réaliser ce travail. Le troisième chapitre enfin, sera dévolu à la présentation et à l'analyse des résultats.

Chapitre I La mousson ouest africaine, le cadre physique de l'étude.

A l'origine, le mot mousson provient soit du mot « mawsin », qui signifie saison en arabe, soit du mot « mua shin » qui signifie printemps au Viet nam. Dans la circulation générale de l'atmosphère, le terme mousson s'applique tout autant à l'alizé continental (mousson d'hiver) qu'à l'alizé maritime (mousson d'été) qui sont des composantes de la circulation fermée de la cellule de Hadley des régions tropicales. Si la mousson indienne est la plus connue car associée à de fortes pluies, la mousson ouest africaine est tout aussi importante pour les précipitations de la région.

I.1 Précipitations et mousson ouest africaine.

En Afrique de l'Ouest, le terme mousson s'applique localement à la mousson d'été c'est-à-dire l'alizé maritime. L'alizé continental est plutôt connu sous le vocable Harmattan.

- **Variabilités des précipitations et mousson ouest africaine.**

L'observation d'une carte de répartition inter saisonnière des précipitations (figure 1) montre que   la coloration correspondant aux plus fortes précipitations se positionne en Afrique de l'Ouest Sahélienne en été boréal, de juillet à septembre (JAS). Cette saison est aussi   est la saison de mousson dans la région. La période de décembre à février (DJF) marquée par le règne de l'Harmattan est la plus sèche, tandis que les saisons intermédiaires sont faiblement arrosées.

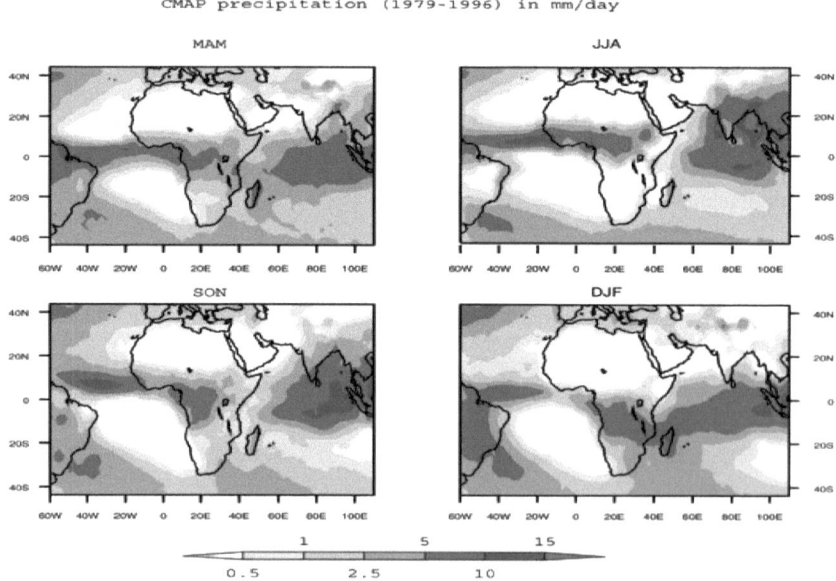

Figure 1 : Répartition saisonnière des précipitations moyennes par trimestre (en mm par jour) en Afrique sur la période 1976 à 1996 (données CMAP). Source : Xie et Arkin[15], (1997).

Une cartographie des cumuls annuels moyens de précipitations de l'Afrique de l'Ouest (figure 2), montre que les isohyètes présentent une organisation spécifique. Disposées zonalement le long des latitudes, elles présentent des côtes qui décroissent méridiennement, de la limite du Sahara au Nord, au pourtour du Golfe de Guinée au Sud. La côte de l'isohyète en un point donné, semble inversement proportionnelle à la distance qui sépare ce point du Golfe de Guinée. Cela indique que les précipitations enregistrées proviennent essentiellement de l'humidité transportée par la mousson au cours de sa remontée depuis son origine (eaux océaniques du Golfe de Guinée) vers l'intérieur du Sahel. Le rôle de transport d'humidité assuré par la mousson est ainsi mis en exergue.

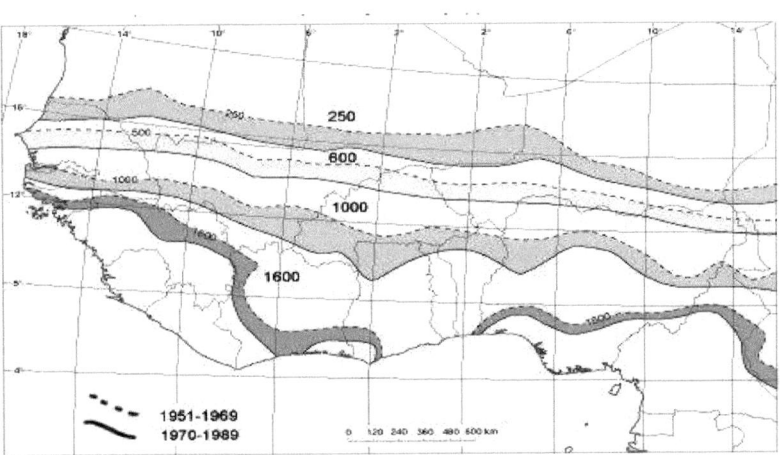

Figure 2 : Carte d'isohyètes de l'Afrique de l'Ouest pour les décennies 1951-1969 (traits pointillés) et 1970-1989 (traits pleins). Les côtes sont les moyennes annuelles des précipitations. Les bandes marquent la migration vers le Sud entre les deux décennies. Source : IRD.

A L'échelle pluriannuelle, la variabilité des précipitations en Afrique de l'Ouest est caractérisée par la forte baisse constatée depuis les décennies 70. Plus connue dans les publications sous l'appellation Sécheresse au Sahel (Dai[3], 2004), cette baisse a aussi affectée l'Afrique de l'Ouest non Sahélienne (Paturel[10], 1995). L'analyse des séries chronologiques (figure 3) situe la période de cette sécheresse durant les décennies 70 et 80. Certains auteurs (Brooks[16], 2004) ont décelé une amorce de reprise depuis le début des années 90. Des explications sur les causes qui ont généré cette sécheresse peuvent être obtenues dans des publications comme celles de Folland[2], (1986) Giannini[8], (2004). Elles mettent en exergue le rôle des forçages des températures de surface des océans (TSO). Un gradient inter hémisphérique caractérisé par des TSO plus froides dans l'hémisphère Nord va affaiblir le système de mousson. Cet affaiblissement pourrait avoir été entretenu et amplifié par une chaine de rétroactions positives faisant intervenir la réduction des précipitations, celle de la couverture végétale, la diminution de la vapeur d'eau disponible, l'augmentation de l'albédo continental. Cette chaine de rétroaction est illustrée par la figure 4. On sait toutefois que l'augmentation de l'albédo a été remise en cause par Courel[17] et al., (1984).

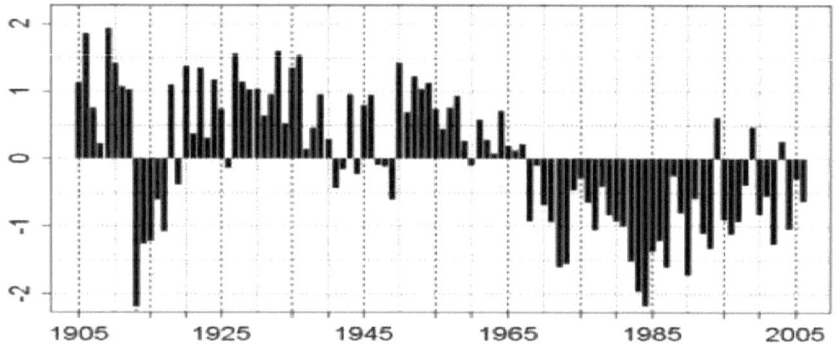

Figure 3 : Anomalies des précipitations au Sahel de 1905 à 2005
Source : Ali[18] et al., (2008).

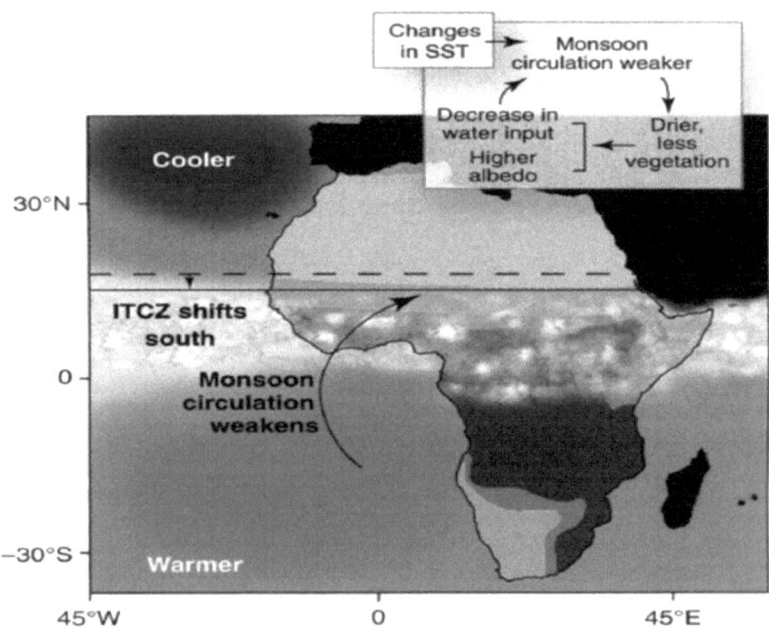

Figure 4 : Températures de surface des océans et chaine de rétroaction positive de baisse des précipitations de mousson au Sahel. Source : Zeng[19], (2003).

- **Modulations intrasaisonnières de la mousson.**

La documentation sur la variabilité intrasaisonnière des précipitations en Afrique de l'Ouest est moins fournie et plus récente que celle qui traite de la variabilité pluriannuelle. Sultan[4], (2002) a montré que la variabilité intrasaisonnière avait un impact sur les rendements agricoles au Sahel –Soudan. Sultan et Janicot[5], (2000) ont montré que le déplacement de la ZCIT associé à l'installation de la mousson est caractérisé par une transition rapide entre une première position d'équilibre (5°N) et une deuxième latitude d'équilibre à 10°N en juillet et en août. La première position d'équilibre correspond à l'installation de la première saison des pluies dans l'Afrique de l'Ouest Guinéenne, tandis que la deuxième marque le moment où l'unique saison des pluies est définitivement installée en Afrique Soudano-Sahélienne. Ils ont en outre mis en évidence, deux bandes de fréquences à 15 jours et 40 jours avec une alternance sur le Sahel, de séquences sèches et humides se propageant d'Est en Ouest. A la suite des ces premiers résultats, d'autres travaux ont permis d'améliorer les connaissances sur la variabilité intra-saisonnière de la mousson. Parmi ces contributions, celles de Louvet[6] et al. (2003) ont apporté des avancées intéressantes potentiellement exploitables pour des études d'impacts, en montrant que la montée de la mousson sur le continent n'est pas monotone et continue, mais se caractérise au contraire, par une alternance de phases d'intensification des précipitations (phases actives) et des phases de régression ou stagnation (phases inactives ou pauses). Ils ont en plus établi à l'échelle de toute l'Afrique de l'Ouest, un calendrier des pauses jalonnant le cycle annuel des précipitations durant la phase d'installation de la mousson. Ces pauses sont au nombre de quatre. En moyenne, la 1ère est comprise entre le 19 mars et le 8 avril, la 2ème entre le 28 avril et le 13 mai, la 3ème entre le 2 et 27 juin et la 4ème entre le 22 juillet et le 11 août. Faisant suite aux travaux de Louvet[6] et al. (2003), Dieng[7] et al. (2008) ont établi un calendrier de ces pauses à l'échelle du Sénégal et montré que la sécheresse des années 70 n'a pas modifié ce calendrier.

Il apparait donc qu'à toutes les échelles spatio-temporelles, la variabilité des précipitations est associée au comportement du système de mousson. C'est donc à juste titre que les précipitations de la région sont appelées précipitations de mousson.

I.2   Les principales composantes du système de mousson ouest africaine.

La mousson dont le rôle fondamental dans la variabilité des précipitations vient d'être mis en évidence, s'inscrit dans un système de circulation atmosphérique spécifique qui se met en place pendant l'été boréal (figure 5).

- **La dépression thermique ou Heat Low.**

En surface, le contraste thermique entre la surface océanique humide et le Sahara sableux, sec et surchauffé par l'ensoleillement, est à son paroxysme. Sur la figure 5 elle est traduite par la différence du rapport $\theta/\theta e$ entre la surface océanique et le continent. En effet, la température potentielle θ (température de l'air ramenée de manière adiabatique à 1000 hPa) de l'air saharien relativement plus sec, est supérieure à la température potentielle équivalente θe (température potentielle de l'air privé de son humidité). Au-dessus de l'océan ce rapport est inversé et cela provoque un gradient thermique entre le continent et l'océan qui génère ce gigantesque brise de mer que constitue la mousson. Elle tendra à combler la dépression thermique (Heat Low en anglais) de surface provoquée par la forte convection des basses couches sur le Sahara.

- **La Mousson, l'Harmattan et la ZCIT.**

La ZCIT (Zone de Convergence Inter Tropicale) est la zone de convergence des alizés marin (mousson) et continental (Harmattan). A l'échelle de temps synoptique, sa position est la résultante de la dynamique de ce qu'on appelle les centres d'action atmosphériques (anticyclones, dépressions, thalwegs, dorsales, etc.). On sait que les anticyclones subtropicaux sont caractérisés par une migration saisonnière vers le pôle d'été. En Afrique de l'Ouest, la migration vers le nord en été boréal de l'anticyclone océanique austral de Sainte Hélène pousse la mousson vers le continent, tandis que le retrait des anticyclones de Libye et des Açores situés au nord du Sahel affaiblit l'Harmattan. En fait, en été boréal, l'Anticyclone thermique de Libye (généré en hiver par l'intense refroidissement hivernal des surfaces sableuses), se retire sur la Méditerranée et est remplacé par la dépression thermique du même nom.

- **Le Jet d'Est Africain et le Jet Tropical d'Est.**

Dans les couches moyennes, le gradient thermique dirigé vers le nord génère un vent thermique qui prend l'aspect d'un jet entre 15°W et 15°E, et entre 700 et 500 hPa au niveau où le gradient change (Cook[20], 1999). C'est le Jet d'Est Africain, ou African Easterly Jet en anglais (AEJ), au sein duquel naissent les ondes d'Est. Il structure et renforce les systèmes convectifs qui génèrent une bonne partie des précipitations au Sahel. Le Jet Tropical d'Est, désigné en anglais sous le vocable de Tropical Easterly Jet (TEJ) est localisé autour de 5°E vers 200 hPa. Il résulte du gradient thermique entre l'Océan indien et l'Himalaya. Le TEJ structure la circulation de divergence de haute altitude.

On peut donc noter que la structure verticale de l'atmosphère en saison de mousson est du type CCD (Convergence en surface, Convergence dans les basses et moyennes couches, Divergence dans les hautes couches), structure caractéristique d'un profil vertical de convection profonde (Janicot et Sultan[21], 2001; Matthews[12], 2004). Cette structure est très favorable, en présence d'humidité, à la genèse de nuages et systèmes convectifs, responsables de l'essentiel des précipitations enregistrées au Sahel.

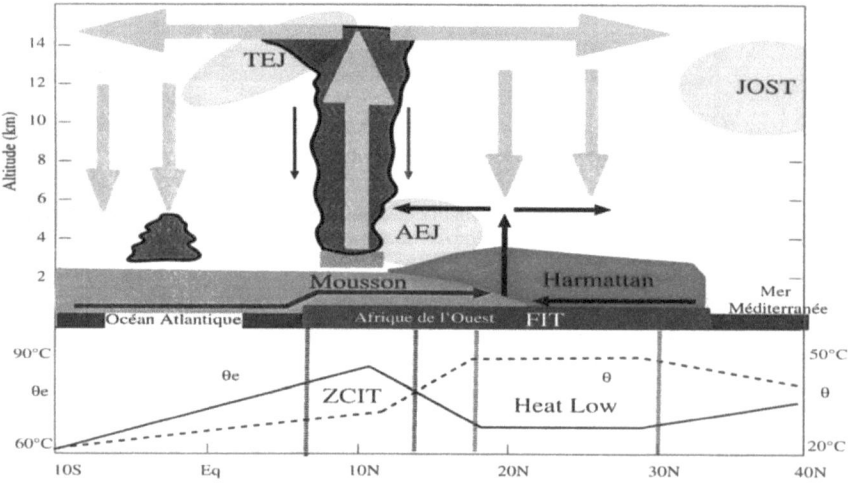

Figure 5: Schéma conceptuel représentant une moyenne zonale des éléments clés de la mousson ouest africaine pendant l'été boréal : la circulation méridienne verticale et les vents zonaux dominants. Le bas du graphique représente les profils méridiens de température potentielle (θ) et de température potentielle équivalente (θe) dans la couche limite atmosphérique. Source : Louvet[22], (2006).

I.3   Climatologie des précipitations au Burkina Faso.

- **Caractéristiques géophysiques de surface.**

Le Burkina Faso est un pays continental situé au cœur du Sahel occidental (10°N à 15°N et 6°W à 2°E). Avec une superficie de 274 000 km2, Il s'étend sur 625 km du nord au sud et 850 km d'est en ouest. Le point plus proche de l'Atlantique en est éloigné de 500 km. Près de 80% du territoire repose sur une pénéplaine d'altitude moyenne comprise en 250 et 300 mètres. Le sommet   le plus   élevé est localisé à l'Ouest et culmine à 749 m. Les ressources en eaux de surface sont constituées de 3 grands fleuves à ruissellement non permanent qui sont affluents de la Volta et de nombreux ouvrages (barrages). La couverture végétale (Guinko[23], 1984) se compose, au nord de 14°N (domaine sahélien)   de steppes herbeuses et arbustives, et au Sud (domaine soudanien) de savanes et parcs agro forestiers. Cette situation a certainement subi une évolution avec une dégradation constante du couvert végétal marquée par l'avancée du désert.

- **Climatologie des précipitations.**

Le Burkina Faso comprend 3 zones climatiques (zone sahélienne au nord, zone nord soudanienne au centre et au sud, zone sud soudanienne au sud-ouest) ayant des caractéristiques climatiques différentes. Ces 3 zones qui se distinguent par une nette différence des cumuls pluviométriques sont disposées du nord au sud suivant un ordre de cumul pluviométrique croissant, conforme à l'organisation spatiale des précipitations à l'échelle de toute la région Sahel-Soudan. La variabilité interannuelle est marquée par l'effet de la Sécheresse. Sur la figure 6, on note une migration vers le Sud des isohyètes 600 et 900 mm (de la couleur noire représentant l'isohyète moyenne de la décennie 1931-1950 à la couleur verte représentant celle de 1971-2000.

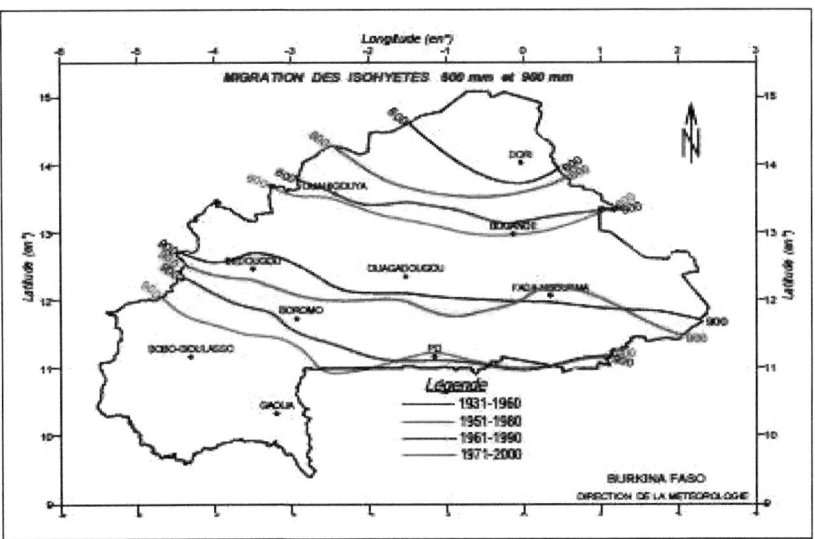

Figure 6 : Evolution pluviométrique de 1931 à 2000. Les 2 isohyètes représentées (600 et 900 mm) au pas de temps décennal (couleurs) migrent vers le Sud. <u>Source</u> : Direction de la Météo.

Outre, les cumuls pluviométriques, il existe d'autres nuances entre les caractéristiques des zones climatiques du pays (tableau 1). En effet la durée de la saison de pluies, le nombre de jours de pluies, l'évaporation diffèrent sensiblement.

Caractéristiques des Zones climatiques	Zones Climatiques		
	Sud soudanienne	Nord soudanienne	Sahélienne
Pluviométrie annuelle	900 à 1200 mm	600 à 900 mm	Moins de 300 à 600 mm
Durée de la saison des pluies	180-200 j	150 j	110 j
Nombre de jours de pluies	85-100 j	50-70 j	<45 j
Température moyenne annuelle	27°C	28°C	29°C
Amplitude saisonnière	5°C	8°C	11°C
Humidité moyenne de l'air Saison sèche Saison humide	25% 85%	23% 75%	20% 70%
Evaporation annuelle	1500-1700 mm	1900-2100 mm	2200-2500mm
Evaporation annuelle (bac classe A)	1800-2000 mm	2600-2900mm	3200-3500mm

Tableau1 : Caractéristiques des zones climatiques du Burkina Faso.
Source : document du PANA (Programme d'Action Nationale d'Adaptation à la variabilité et aux changements climatiques).

Synthèse du chapitre.

La synthèse bibliographique que constitue ce premier chapitre, nous a permis tout d'abord de faire le point sur les différentes formes de variabilités qui caractérisent les précipitations en Afrique de l'Ouest et de souligner le rôle joué par la mousson. Les précipitations sont ainsi caractérisées par une variabilité pluriannuelle marquée par la Sécheresse au Sahel des décennies 70 et 80. Si les anomalies dans le gradient inter hémisphérique des TSO en sont la cause principale, ces forçages océaniques ont été entretenus par des chaînes de rétroactions positives impliquant un affaiblissement de la mousson. A l'échelle intersaisonnière, l'essentiel des précipitations est enregistré durant la saison de mousson (juillet, août, septembre), traduisant le fait que les précipitations proviennent essentiellement de l'humidité transportée par la mousson. La structuration des isohyètes dans la région (étalement zonal et décroissance méridienne des côtes de ces isohyètes du Nord au Sud) est aussi une signature de l'influence de la mousson. Durant la saison de mousson, la structure de l'atmosphère présente un profil vertical de convection profonde favorable aux perturbations pluvio-orageuses. A l'échelle intrasaisonnière, il apparaît que l'installation de la mousson sur la région est modulée par des phases actives (intensification des précipitations) et des pauses (stagnation ou régression des précipitations).

Enfin, le bref aperçu du cadre spatial de l'étude, le Burkina Faso, a montré que la climatologie locale des précipitations porte l'empreinte globale du système de la mousson. Toutefois, cette empreinte globale n'empêche pas la présence de nuances significatives entre les 3 zones climatiques du pays.

Chapitre II Données et méthodes

Ce chapitre a pour objectif de présenter et de décrire les données et méthodes d'analyses utilisées pour réaliser notre travail. Il comporte de ce fait une partie consacrée aux données et une autre aux méthodes.

II.1   Les données.

Pour réaliser une étude sur les précipitations, plusieurs types de données sont utilisables (Louvet[24] et al. 2007). Chaque type de données présente des avantages et des limites qui affectent les résultats. Les données de réanalyses par exemple offrent l'avantage d'être disponibles sur des grilles continues et régulières. Mais malgré leur grande qualité, elles ne constituent pas toutes des précipitations réelles, car elles intègrent des données de prévision. Les données stationnelles d'observations par contre correspondent à des précipitations réelles. Cependant, à l'absence d'un réseau dense et bien reparti, elles ne peuvent être assez représentatives d'un domaine spatial donné. C'est dire que quand on dispose de différents types de données le choix doit se faire en fonction du type du travail à réaliser. Pour notre travail qui porte sur une échelle locale, nous avons pu disposer de données d'observations journalières, provenant d'un réseau initial de 91 stations. Ces données ont été gracieusement mises à notre disposition par la Direction de la Météorologie du Burkina et par l'IRD (Institut de Recherche pour le Développement). Une cartographie du réseau est donnée par la figure 7. Les références des stations du réseau (nom, codes, coordonnées géographiques) sont contenues dans le tableau 2.

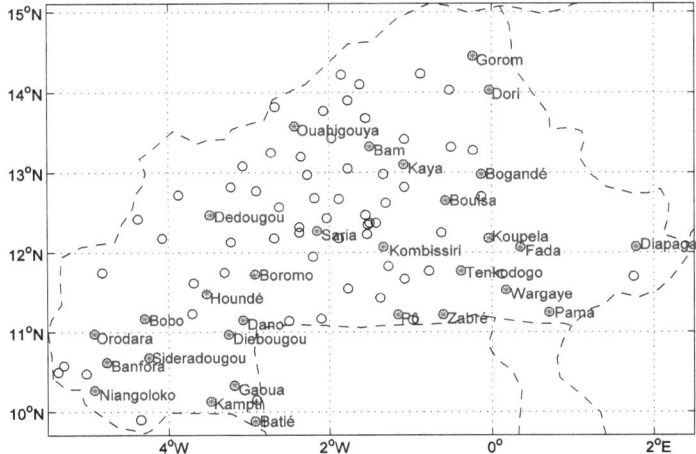

Figure 7 : Cartographie du réseau de stations du Burkina Faso d'où proviennent les données d'observations mises à notre disposition. Les ronds marquent le réseau initial et les astérisques rouges les stations que nous avons sélectionnées

- **Sélection du réseau de stations.**

Afin de disposer de données fiables, nous avons opéré une sélection à partir du réseau initial de 91 stations. La sélection a été faite sur la base des critères suivants :
-   La disponibilité d'une longue série de données.
-   La qualité de l'observation estimée par le professionnalisme des observateurs.
-   La couverture spatiale du domaine d'étude.
Aussi du réseau initial de 91 stations, 30 stations on été retenues. La cartographie de ces 30 stations (figure 7) indique une bonne couverture du domaine spatial de l'étude.

- **Identification des stations du réseau sélectionné.**

N° Ordre	Stations	Code DM	Code OMM	Code OACI	Long.	Lat.
1	Bam	20004300	Néant	Néant	-1.50	13.33
2	Banfora	20013500	Néant	DFOB	-4.77	10.63
3	Batié	20014400	Néant	Néant	-2.92	9.88
4	Bobo	20009900	65510	DFOO	-4.32	11.17
5	Bogandé	20008500	Néant	DFEB	-0.13	12.98
6	Boromo	20010700	65506	DFCO	-2.93	11.75
7	Boulsa	20008200	Néant	DFEA	-0.57	12.65
8	Dano	20010600	Néant	Néant	-3.07	11.15
9	Dédougou	2005400	65505	DFOD	-3.47	12.47
10	Diapaga	20009300	Néant	Néant	1.78	12.07
11	Diébougou	20013900	Néant	Néant	-3.25	10.97
12	Dori	20002600	65501	DFEE	-0.03	14.03
13	Fada	20080900	65507	DFEF	0.37	12.03
14	Gaoua	20014000	65522	DFOG	-3.18	10.33
15	Gorom	20002500	Néant	Néant	-0.23	14.45
16	Houndé	20010300	Néant	Néant	-3.52	11.48
17	Kampti	20013800	Néant	Néant	-3.47	10.13
18	Kaya	20004400	Néant	DFCK	-1.08	13.10
19	Kombissiri	20007700	Néant	Néant	-1.33	12.07
20	Koupéla	20008300	Néant	Néant	-0.35	12.18
21	Niangoloko	20013300	Néant	Néant	-4.92	10.27
22	Orodara	20013200	Néant	Néant	-4.92	10.98
23	Ouahigouya	20003500	65502	DFCG	-2.43	13.58
24	Ouargaye	20012300	Néant	Néant	0.02	11.53
25	Pama	20012500	Néant	Néant	0.70	11.25
26	Pô	20011400	65518	Néant	-1.15	11.17
27	Saria	20006500	Néant	Néant	-2.15	12.27
28	Sidéradougou	20013600	Néant	Néant	-4.25	10.68
29	Tenkodogo	20012100	Néant	DFET	0.38	11.77
30	Zabre	20011900	Néant	Néant	-0.60	11.17

Tableau 2 : Identification des stations du réseau utilisé. Sont indiqués les noms, les codes nationales (DM), les codes internationales (OACI et OMM), et coordonnées géographiques des stations du réseau. Néant pour indiquer que la station ne possède pas le code en question.

II.2   Les méthodes.

Nous faisons ici une brève présentation des méthodes d'analyse auxquelles nous avons eu recours dans nos analyses. Ces méthodes comprennent les méthodes de classification et de partition appliquées aux données de précipitations pour constituer les indices, et les méthodes statistiques usitées dans les analyses comparatives de distributions.

II.2.1   Les méthodes de constitution des indices.

La constitution des indices est utilisée dans l'étude des précipitations pour pouvoir disposer de données homogènes.

- **La partition en zones climatique par les isohyètes de référence.**

C'est la méthode couramment utilisée dans la région pour constituer les zones climatiques. Elle est basée sur la détermination d'un certain nombre d'isohyètes (lignes d'égaux cumuls pluviométriques annuels) qui servent de référence pour délimiter les zones climatiques. Cette méthode dont les résultats sont tributaires du choix pas toujours expliqué des isohyètes de référence, nous a paru subjectif. Au Burkina la pratique est fondée sur le choix des isohyètes 600 et 900 mm pour délimiter le territoire en 3 trois zones climatiques que nous avons présentées dans le premier chapitre. Nous avons appliqué cette méthode à nos données pour fins de comparaison avec les résultats de la méthode objective que nous avons retenue, c'est-à-dire la Classification Ascendante Hiérarchique.

- **La Classification ascendante hiérarchique.**

Les méthodes de classification consistent à effectuer une partition de l'ensemble des individus composant la population statistique à étudier. Parmi les techniques statistiques de classification, la Classification Ascendante Hiérarchique (CAH) est sans doute la plus communément utilisée. Elle s'applique sur un tableau de n individus dont on connaît les valeurs sur p variables. Ce tableau est considéré comme un nuage de n individus dans un espace de dimension p, dans lequel on peut définir une métrique et une règle (critère d'agrégation) pour agréger un individu et un groupe d'individus (ou des groupes d'individus).

L'algorithme de classification débute par le choix d'un type de distance entre individus et entre groupes de points. La CAH procède par regroupements successifs des individus en fonction de leur ressemblance (métrique et critère d'agrégation) par rapport à un ensemble de critères. À l'étape n-1, un dernier regroupement est effectué qui agrège tous les points du nuage dans une même classe. Les résultats d'une classification peuvent se présenter sous forme d'une hiérarchie emboîtée (arbre hiérarchique ou encore dendrogramme) qui permet de définir des partitions à différents niveaux d'agrégation. C'est à partir de ce résultat graphique que le choix du nombre de classe est effectué. La CAH a été préféré aux autres méthodes objectives telles l'ACP (Analyse en Composantes Principales) pour son efficacité et sa simplicité. Selon Louvet et al. (2003), la CAH et l'ACP sont les deux méthodes objectives procurant les meilleurs résultats, du reste très semblables, dans ce genre de traitement. Le dendrogramme (figure 8) obtenu par application de la CAH, réalise la partition des 30 stations en différentes classes. Le dendrogramme permet la constitution de 3 indices (Indice Nord ; Indice Centre-Sud ; Indice Sud-ouest).

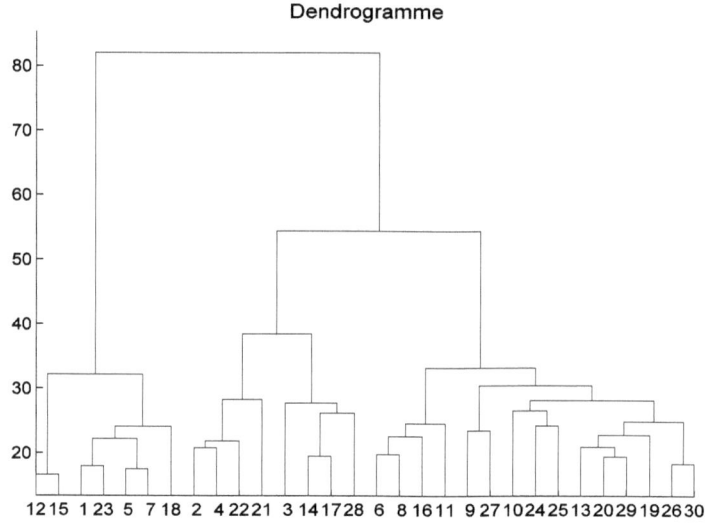

Figure 8 : Dendrogramme de la CAH réalisée sur les données provenant du réseau des 30 stations utilisées. En abscisses les numéros identifiant les stations et en ordonnées l'échelle des distances entres stations ou groupes de stations.

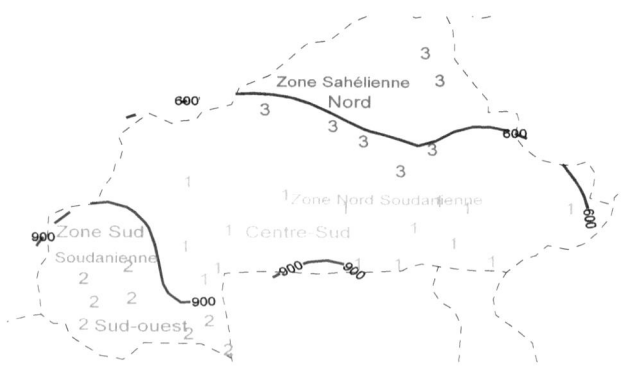

Figure 9 : Cartographie comparée des indices issus de la CAH et les zones climatiques obtenues par application aux mêmes données de la méthode des isohyètes de référence. (600 et 900 m).

La superposition des résultats (figure 9) des deux méthodes montre que les indices constitués sont très proches des zones climatiques du pays.

II.2.2 Les Méthodes statistiques.

Notre étude a fait appel à des méthodes statistiques pour rechercher des corrélations et comparer des distributions provenant différents échantillons. Ces méthodes statistiques sont :

- Le calcul des coefficients de corrélations linéaires de Bravais-Pearson.

- Les tests statistiques.

- **Le calcul des coefficients de corrélation linéaire de Bravais-Pearson.**

Les coefficients linéaires de Bravais-Pearson sont donnés par la formule : $R = \sigma xy / \sigma x \sigma y$

où σxy est la covariance des variables x et y et $\sigma x \sigma y$ le produit de leurs écart-types. Calculer le coefficient de corrélation entre 2 variables numériques revient à chercher à résumer la liaison entre ces 2 variables à l'aide d'une droite. On parle alors d'un ajustement linéaire. Une mesure de cette corrélation est obtenue par le calcul du coefficient de corrélation linéaire. Le coefficient de corrélation est compris entre -1 et 1. Il vaut 1 dans le cas où l'une des variables est fonction affine croissante de l'autre variable, et -1 dans le cas où la fonction affine est décroissante. Les valeurs intermédiaires renseignent sur le degré de dépendance linéaire entre les deux variables. Plus le coefficient est proche des valeurs extrêmes (-1 et 1), plus la corrélation entre les variables est forte ; on emploie simplement l'expression « fortement corrélées » pour qualifier les deux variables. Un coefficient de corrélation linéaire nul signifie que les variables sont linéairement indépendantes. Les coefficients sont calculés pour un seuil de signification α (ou risque d'erreur de 1ère espèce) correspondant à la probabilité en dessous de laquelle l'hypothèse nulle selon laquelle « le coefficient calculé résulte d'un artefact statistique (absence de corrélation réelle) » peut être rejeté avec un seuil de confiance de 1- α. où α est généralement fixé a priori à 0.05.

- **Le test d'adéquation.**

Il consiste à vérifier la comptabilité des données (échantillons) avec une distribution choisie a priori. Le test le plus utilisé dans cette optique est le test d'adéquation à la loi normale. Le test de Jarque-Bera est un test d'adéquation que nous avons utilisé pour vérifier que nos échantillons étaient Gaussiens (suivent une loi normale). Appliqué à un échantillon, il permet de tester l'hypothèse nulle selon laquelle, « l'échantillon provient d'une distribution obéissant à la loi normale ». Si le résultat (0 ou 1) du test vaut 0, l'hypothèse nulle ne peut être rejetée. Si par contre le résultat vaut 1, l'hypothèse pourra être rejetée.

- **Les tests d'homogénéité.**

Ce sont des tests paramétriques qui consistent à vérifier que K (K >= 2) échantillons (groupes) proviennent de la même population ou, cela revient à la même chose, que la distribution de la variable d'intérêt est la même dans les K échantillons (Saporta[25], 1990). Nous avons utilisé le test de Student pour la comparaison des moyennes et le test de Fisher pour la comparaison des variances. Pour ces deux tests, une hypothèse nulle selon laquelle les deux échantillons (dont on compare les paramètres) sont tirés au hasard de distributions normales ayant la même valeur pour le paramètre en question est rejetée si le résultat du test vaut 1 et ne peut être rejetée si le résultat du test vaut 0. L'application des tests d'homogénéité doit se faire sur des échantillons Gaussiens, c'est-à-dire provenant de distributions obéissant à la loi normale.

Synthèse du chapitre.

En résumé, on retiendra que les données utilisées pour réaliser cette étude de la variabilité intrasaisonnière des précipitations au Burkina Faso sont des données stationnelles d'observations journalières procurées par l'IRD et la Direction de la météorologie du Burkina. Bien qu'elles soient issues de sources sûres, une sélection a été opérée pour s'assurer le maximum de fiabilité. Les critères de représentativité, de disponibilité de séries ininterrompues ont été pris en compte dans la sélection. Afin de disposer de données homogènes convenables pour les analyses à réaliser, des indices ont été constitués. La méthode traditionnelle et quelque peu subjective de partition en zones climatiques par les isohyètes de référence a été utilisée à des fins de comparaison avec les résultats de la méthode objective de la Classification Ascendante Hiérarchique (CAH) utilisée.

Enfin, les méthodes statistiques (corrélations linéaires, tests de conformité et tests d'homogénéité) suivantes ont été utilisées dans l'étude de la variabilité interannuelle des pauses et la recherche des corrélations:

-Les calculs de coefficients linéaires de Bravais-Pearson

-Le test de conformité à la loi normale de Jarque-Bera.

-Les tests paramétriques de Student et Fisher pour les comparaisons des moyennes et variances.

Chapitre III   Présentation et analyse des résultats

Ce chapitre consacré à la présentation et à l'analyse des résultats, doit permettre de répondre aux questions posées en introduction. Il comporte deux parties. La première partie traite de la détection des pauses et de l'établissement du calendrier moyen à l'échelle du Burkina. La seconde étudie la variabilité interannuelle de ce calendrier moyen, dans la perspective d'en tirer des corrélations pouvant contribuer à prévoir certains paramètres importants du cycle annuel des précipitations.

III.1 Nombre et calendrier moyen des pauses au Burkina Faso.

Pour rendre notre démarche bien explicite, nous indiquons d'abord nos critères de définition et de prise en compte des pauses. Ensuite, les résultats de l'application de ces critères à une seule année sont présentés. Enfin, les résultats concernant l'ensemble de la période d'étude sont présentés et analysés.

III.1.1 Critères de détection des pauses.

Afin d'éliminer les fluctuations journalières et synoptiques (Mounier[13] 2005), il a fallu procéder au filtrage de nos données. Après avoir testé des filtres pour différents jours avec le filtre passe bas de Butterworth, nous nous sommes rendus compte que l'application d'un filtre éliminant les fréquences inférieures à 30 jours offrait les meilleurs résultats. L'application d'un filtre de 6 pentades (moyennes de 5 jours) sur les mêmes données réorganisées en données en pentadaires n'a pas donné des résultats sensiblement différents du type de filtrage retenu.

Il convient de rappeler que nous nous intéressons aux phases actives (intensifications) et pauses (stagnation ou régression) des précipitations de mousson. Pour éliminer les précipitations hors saison, deux alternatives étaient possibles. La première était de ne considérer que les pluies observées durant la période considérée comme saison de la mousson, avec l'inconvénient que le démarrage de la saison de mousson n'est pas connu avec exactitude. L'autre était de prendre en compte tout le cycle annuel des précipitations et décider après la détection, si la pause détectée se situe ou non dans la saison de mousson, au regard de la climatologie des précipitations du pays. C'est cette deuxième alternative qui a été retenue, car elle permet une meilleure prise en compte des nuances entre indices au cours de l'analyse. Les pluies journalières filtrées inférieures à 0.5 mm ont été éliminées. En effet, dans les stations météorologiques non tenues par des professionnels, il arrive que cette valeur (0.5 mm) soit prise comme seuil, pour arrondir en traces ou à l'unité les hauteurs de pluies enregistrées.

Pour distinguer les phases actives des pauses, on procède à l'analyse des différences de pluies journalières filtrées entre jours consécutifs sur tout le cycle annuel. Il consiste à calculer les différences (j+1) – j des pluies journalières filtrées, pour détecter les séquences d'augmentation ou de ralentissement des taux de précipitation. Une analyse statistique de la distribution de ces différences sur la période d'étude permet de fixer le seuil de différenciation entre les phases actives et les pauses. Les distributions de ces différences sont représentées par les histogrammes de la figure 10.

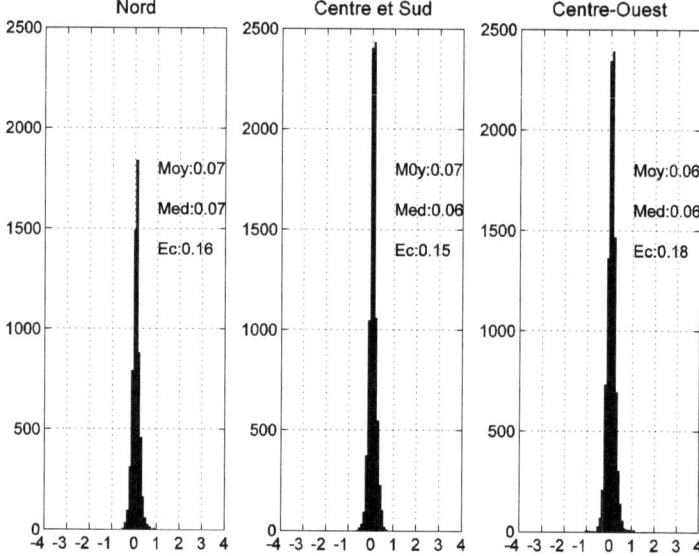

Figure 10 : Histogramme de la distribution des différences de pluies journalières filtrées entre jours consécutifs pour les 3 indices. En abscisses les classes au pas de 0.1mm et en ordonnées les fréquences. Les statistiques indiquées sont la moyenne (Moy.), la médiane (Med.) et l'écart type (Ec.).

L'analyse des histogrammes et des caractéristiques de tendance centrales indiquées montre que les modes, les moyennes et les médianes sont très proches de la valeur 0 sur les trois indices. Cette cohérence indique qu'un même seuil de distinction entres phases actives et pauses peut être retenu pour les trois indices. Dans notre cas, la valeur 0 qui est proche des moyennes, modes et médianes est bien indiquée pour la distinction entre les phases d'augmentation et les phases de régression des précipitations. Le décalage des distributions à droite de la valeur 0 indique que fort logiquement, les séquences actives sont plus importantes que les pauses. Partant de cette analyse, et tenant compte de l'élimination des pluies quotidiennes inférieures à 0.5 mm, nous avons défini comme pause significative : toute période continue d'au moins dix jours durant laquelle les pluies journalières filtrées sont supérieures à 0.5 mm et dont les différences de pluies journalières filtrées pour des jours consécutifs sont inférieures à 0 mm.

Les pauses ont été détectées pour chacune des années de notre période d'étude et pour chaque indice. Il n'a pas été toujours possible d'identifier des pauses répondant aux critères édictés. Mais l'absence de pause pour une année donnée de notre période d'étude, ne signifie nullement que des pauses n'existent pas dans la réalité. Elle signifie simplement que soit les périodes correspondantes aux pauses sont inférieures à 10 jours, soit elles contiennent des jours où la pluviométrie journalière est en dessous du seuil 0.5 mm. Etant donné que le nombre et les dates des pauses détectées varient en fonction de l'année considérée, une méthode de classification a été adoptée. Ainsi, au cas où 4 pauses remplissant les critères ont été identifiées, la classification s'est faite suivant l'ordre chronologique d'apparition au cours du cycle annuel. Pour les années dont le nombre de pauses détectées était inférieur à 4 (nombre de pauses du calendrier régional), la numérotation a été faite suivant l'ordre chronologique d'apparition des pauses, mais aussi en se référant au calendrier régional de Louvet afin de permettre la comparaison des résultats. Ainsi par exemple si une seule pause était détectée pour une année donnée, elle recevait le numéro de la pause la plus proche du calendrier régional de Louvet.

III.1.2 Exemple : pauses de l'année (1964)

L'année 1964 a été choisie car elle fait partie des années où plusieurs pauses remplissant les critères édictés ont été identifiées. La représentation graphique des pauses sur les cycles annuels de précipitations journalières pour les 3 indices est donnée par la figure 11. La couleur de chaque courbe représente l'indice. Les lignes verticales délimitent les quatre pauses détectées   et permettent de constater que les pauses sont très synchrones sur les 3 indices.

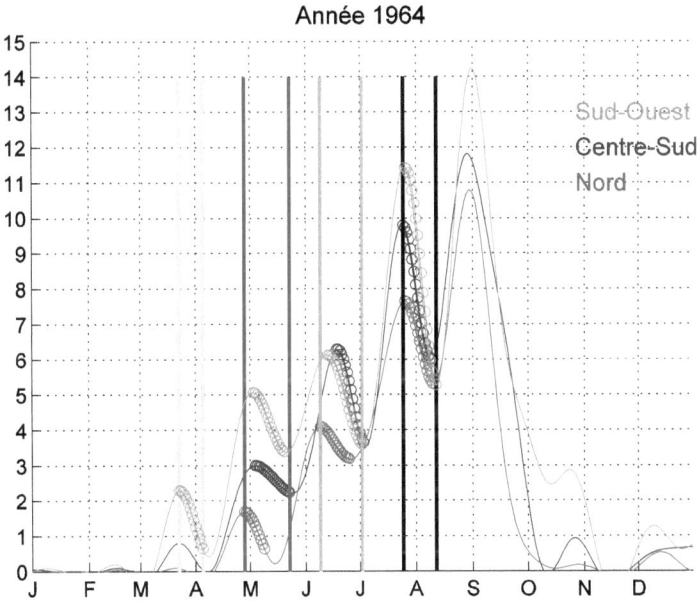

Figure 11: Phases intensives (parties croissantes) et pauses (parties décroissantes marquées par des ronds) associées aux cycles annuels des précipitations sur les 3 indices (vert, bleu foncé et rouge) pour l'année 1964. Les pauses sont délimitées par des lignes verticales de couleurs jaune (pause 1), magenta (pause 2), bleu claire (pause 3) et noire (pause 4). Les maximums des courbes marquent les fins de la phase d'installation de la mousson sur chaque indice. En abscisses les mois du cycle annuel et en ordonnées, les différences de pluies journalières filtrées en mm.

De l'analyse de la figure 11, on peut tirer les constats suivants :

- La pause 1 est détectée seulement au Sud-ouest où elle commence le 23 mars et finit le 5 avril pour une durée de 13 jours. Sur les indices Nord et Centre-Sud, cette pause n'a pas été détectée. Mais sur les courbes du cycle annuel, on perçoit une ondulation dont les phases décroissantes devraient correspondre à des pauses ne remplissant pas les critères définis (pluies journalière > 0.5 mm et durée de pause >= 10). Au regard de la climatologie des précipitations de mousson indiquée dans la synthèse bibliographique, il ne serait pas convenable de considérer la pause 1 comme une pause située dans la période d'installation de la mousson au Burkina Faso. En effet, même en 1964, année située dans la période humide d'avant la Sécheresse, il est difficile de considérer une installation durable du flux de la mousson avant la fin du mois d'avril au Sud-ouest. Il est plus probable que les précipitations enregistrées avant le mois de mai, soient des pluies hors saison non générées par la mousson. On sait que ces genres de pluies, que l'on appelle localement « pluies de mangues » sont imputables à des passages de perturbations extra tropicales (queues de fronts) sur le Sahara, à proximité de la zone tropicale.

- La pause 2 est présente sur chacun des trois indices. Elle est plus précoce et plus courte au Nord (du 28 avril au 9 mai) que dans les deux autres indices. Cela parait contradictoire avec le cheminement connu du flux de la mousson, qui pénètre dans le territoire par le Sud-ouest, pour remonter par la suite vers le Centre et le Nord. Aussi, il est très probable que la pluviométrie précédant la pause 2 au Nord, soit imputable aux pluies hors saison plutôt qu'à la mousson. Au Sud-ouest et au Centre-Sud, la pause débute et se termine pratiquement aux mêmes dates (des 3 et 4 mai aux 20 et 23 mai), pour des durées respectives de 17 et 19 jours. Aussi sur ces indices, la pause 2 peut être imputée avec moins de réserve, à l'activité de la mousson. La climatologie des précipitations indique en effet une installation progressive de la mousson dès le début du mois de mai au Sud-ouest.

- La pause 3 s'installe respectivement du 10 au 25 juin sur l'indice Nord, du 11 au 30 juin dans le Sud-ouest et du 18 juin au 3 juillet au Centre-Sud. Elle semble plus précoce au Nord où la saison de pluies démarre pourtant plus tard qu'au Sud-ouest. En fait, la fin de cette pause coïncide avec le démarrage effectif de la saison des pluies de mousson au Nord, au moment où elle est déjà installée au Sud-ouest.

- La pause 4 est la plus synchrone sur les trois indices. Elle débute le 25 juillet au Sud-ouest au Centre-Sud, et le 26 juillet au Nord. Elle se termine le 10 août au Nord et Centre-Sud, et le 12 août au Sud-ouest. Le regain de l'activité pluviométrique qui intervient après cette dernière pause, va conduire à la fin de la phase d'installation de la mousson, à la date où le maximum de pluie quotidienne est atteint.

L'examen des courbes des cycles annuels met en évidence la dissymétrie de forme entre les phases d'installation et de retrait de la mousson. La superposition des courbes du cycle annuel sur les trois indices permet de constater une hiérarchisation des courbes correspondant à celle induite par les cumuls annuels. Les indices de forts cumuls annuels sont également ceux de fortes pluies journalières filtrées. Cela montre que la différence de cumuls ne résulte pas seulement de la durée de la saison, mais provient aussi de l'intensité de l'activité pluvieuse. On remarque que les dates du maximum de pluies quotidiennes sont presque identiques (autour du 1er septembre). En dépit des différences de dates de démarrage et fin de saison sur les 3 indices, les fins de la phase d'installation de la mousson ont lieu pratiquement à la même date sur tout le territoire.

En résumé, on peut retenir que pour l'année 1964, les dates des pauses sont synchrones. La représentation graphique permet de mettre en évidence les pauses 2, pauses 3 et pauses 4 sur les trois indices. La pause 1 n'est détectée que sur l'indice Sud-ouest mais des ondulations ne remplissant pas les critères de définition des pauses sont visibles sur les indices Nord et Centre-Sud. Compte tenu de la climatologie de la mousson sur le pays, la pause 1 qui intervient en avril avant la période d'installation de la mousson n'a pas été prise compte comme une pause dans la phase d'installation de la mousson au Burkina pour l'année 1964.

III.1.3 Calendrier moyen de la période d'étude.

Présentation des résultats

Comme nous l'avons fait pour l'année 1964, nous avons procédé de la sorte pour les 59 années de notre période d'étude sur chaque indice. Après l'identification et la numérotation de chaque pause suivant les critères prédéfinis, la date moyenne de chaque pause a été calculée en faisant la moyenne arithmétique des dates sur les années pour lesquelles la pause en question a été détectée. La figure 12 représente les pauses moyennes (dates de début, de centre et de fin) sur les cycles annuels moyens des précipitations pour chaque indice. On constate que les cycles sont étagés et croissants de l'indice Nord (couleur rouge) à l'indice Sud-ouest (couleur verte), ce qui traduit une hiérarchie de l'intensité des pluies journalières filtrées du même ordre que celui des cumuls pluviométriques. On note également une bonne synchronisation entre pauses sur les 3 indices. La fin de la phase d'installation de la mousson (date du maximum du cycle) est plus précoce au Nord et plus tardif au Sud-ouest.

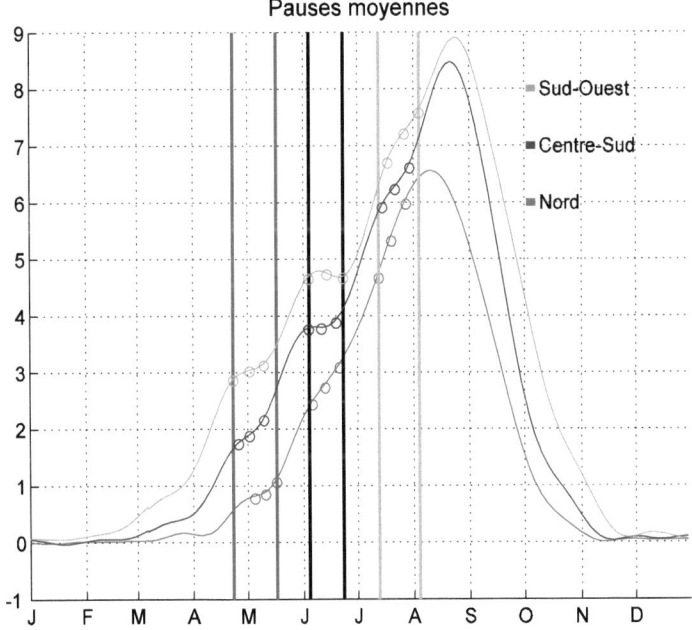

Figure 12 : Pauses moyennes associées aux cycles annuels moyens des précipitations pour les 3 indices (courbes rouge, bleue foncée et verte) sur l'ensemble de la période d'étude. Les débuts, centres et fins des pauses moyennes sont représentés par les ronds sur les courbes. Les lignes verticales délimitent, pour une pause donnée (pause 2, pause 3, pause 4) le début de la plus précoce et la fin de la plus tardive parmi les trois indices. En abscisses les mois du cycle annuel et en ordonnées les différences de pluies journalières filtrées en mm.

Analyse des résultats.

Les résultats sont synthétisés dans le tableau 3 qui tient lieu de calendrier moyen des pauses pour le Burkina Faso. Le calendrier régional est indiqué dans le tableau 4 pour permettre de comparer les résultats.

Pause 1

Pour l'indice Nord, la pause 1 a été détectée une seule année. Elle est par contre présente 13 années sur 59 au Centre-Sud et 32 années sur 59 au le Sud-ouest. Mais pour les mêmes raisons climatologiques déjà évoquées dans l'analyse des pauses de l'année 1964, nous n'avons pas pris en compte cette pause 1 comme faisant partie des pauses observées dans la phase d'installation de la mousson au Burkina Faso. Les pluies qui précèdent ces pauses étant essentiellement d'origine étrangère à la remontée du flux de la mousson sur le territoire. Pour cette raison, les résultats du calcul concernant la pause 1 ne sont pas indiqués dans le calendrier moyen (tableau 3).

Pause 2

Sur l'indice Nord la pause 2 a été détectée sur seulement 21 années sur 59. En moyenne la pause 2 prend fin localement le 17 mai. La fréquence de cette pause sur la période est assez faible, si bien que la moyenne calculée n'est pas assez représentative de toute la période. Au Centre-Sud, la date de fin de pause qui se situe en moyenne le 10 mai, est calculée sur la base de 39 années sur lesquelles la pause été observée, ce qui offre une meilleure représentativité. Sur l'indice Sud-ouest, cette date moyenne se situe également au 10 mai, et est calculée sur 49 années. L'installation de la pause 2 se fait en moyenne en début mai sur les trois indices. La date moyenne du centre de la pause varie en moyenne du 2 mai au 11 mai. Comparativement au calendrier régional où la pause 2 finit en moyenne le 13 mai, il y a une forte proximité entre les dates de fin de pause. Ce n'est pas le cas pour les dates de début et cela s'explique par la différence des durées qui passent du simple (15 jours) au double (28 jours) du calendrier local au calendrier régional. La prise en compte de la pause 2 comme faisant partie des pauses caractérisant la phase d'installation de la mousson (phase de montée) à l'échelle locale du Burkina parait discutable. En effet, outre le fait que sa fréquence n'est pas très élevée sur tous les indices, il y a aussi le fait qu'elle s'installe juste avant ou dès les premières incursions du flux de la mousson sur le territoire. Pour les années où elle est située avant la date moyenne, on ne peut écarter l'hypothèse que les pluies enregistrées soient générées par des perturbations d'origine extratropicale. Par contre, pour les années ou la pause 2 intervient après la date moyenne locale, les précipitations qui la précèdent sont sans doute dues à la mousson, surtout sur les indices Sud-ouest et Centre-Sud. Aussi, bien que cela soit discutable, nous avons intégré la pause 2 au nombre des pauses caractérisant localement la phase d'installation de la mousson.

Pause 3

Les dates moyennes de début et de fin de cette pause sont très synchrones sur les trois indices. La pause s'installe au Nord (6 juin) en moyenne deux jours après son installation (4 juin) au Centre-Sud et au Sud-ouest. Cet ordre chronologique est en accord avec le cheminement connu du flux de la mousson sur le Burkina Faso. La fréquence de cette pause est assez importante. Elle est repérée sur 43 années au Nord, 49 années au Centre-Sud et 54 années au Sud-ouest. Localement, la pause 3 prend fin le 19 juin au Centre-Sud et le 21 juin sur les indices Nord et Sud-ouest. Sur le calendrier régional, la pause 3 débute le 28 mai et se termine le 22 juin. On peut remarquer la parfaite adéquation entre les dates de fin de pause au niveau des deux calendriers. Le constat de Louvet[6] et al. (2003) faisant de la fin de cette pause une date marquant l'installation définitive de la saison sur toute la région, est ainsi localement confirmé. On constate en effet que la fin de cette pause est suivie d'une intensification des pluies avec des différences journalières supérieures à 2 mm sur tous les indices.

Pause 4

La pause 4 est détectée avec des fréquences assez importantes (de 39 à 44 années) sur les trois indices. Elle prend fin en moyenne du 28 juillet (indice Nord) au 4 août (indice Sud-ouest) en parfaite accord avec la date du calendrier régional (1er août). Les dates d'installation de cette pause sur les trois indices semblent suivre une chronologie contraire à celle de la remontée du flux de la mousson sur le territoire. La chronologie semble plus dépendre de la proximité de la date de fin de la saison des pluies. En effet, la fin de la pause 4 intervient plus tôt dans le Nord, là où la fin (climatologique) de la saison de mousson intervient également avant les autres indices. Au Sud-ouest où la saison est plus longue, la pause intervient relativement plus tard que sur les deux autres indices.

Calendrier moyen des dates de centres de pauses pour le Burkina Faso.

Indices / Pauses		Indice Nord	Indice Centre - Sud	Indice Sud-ouest
Pause 2	**Echantillon**	**21 ans**	**39 ans**	**49 ans**
	Début	5 mai (10.5)	25 avril (10.4)	24 avril (10.5)
	Centre	11 mai (10.6)	3 mai (10.4)	2 mai (10.6)
	Fin	17 mai (10.8)	10 mai (10.7)	10 mai (11.0)
	Durée	13 jours (2.6)	15 jours (3.3)	16 jours (3.7)
Pause 3	**Echantillon**	43 ans	49 ans	54 ans
	Début	6 juin (13.7)	4 juin (11.5)	4 juin (11.7)
	Centre	13 juin (13.5)	12 juin (11.6)	12 juin (11.8)
	Fin	21 juin (13.7)	19 juin (11.9)	21 juin (12.3)
	Durée	16 jours (4.5)	15 jours 3.6)	18 jours (5.0)
Pause 4	**Echantillon**	39 ans	43 ans	44 ans
	Début	13 juillet (12.4)	15 juillet (10.8)	17 juillet (13.4)
	Centre	20 juillet (13.2)	22 juillet (11.0)	26 juillet (12.9)
	Fin	28 juillet (14.1)	30 juillet (11.6)	4 août (12.9)
	Durée	15 jours (3.9)	15 jours (3.47)	17 jours (4.6)

Tableau 3 : Calendrier moyen des pauses de la phase d'installation de la mousson, à l'échelle locale du Burkina Faso pour la période 1950-2008. L'échantillon indique l'effectif de référence (nombre d'années où des pauses ont été détectées) pour le calcul de la moyenne. Les valeurs indiquées (début, centre, durée) sont les dates et durées moyennes des pauses. Les valeurs entre parenthèses sont les écarts types associés aux moyennes.

Calendrier régional de Louvet[6] et al. (2003).

	Indice soudano - sahélien				Indice guinéen	
	Pause 1	Pause 2	Pause 3	Pause 4	Pause 1	Pause 2
Date de début de pause	19 mars	28 avril	28 mai	12 juillet	15 mars	28 avril
Date de fin de pause	8 avril	13 mai	22 juin	1er août	8 avril	17 mai

Tableau 4: calendrier moyen des pauses de la phase d'installation de la mousson à l'échelle de toute la région ouest africaine. <u>Source</u> : Louvet[6] et al. (2003)

Synthèse sur les pauses à l'échelle locale

A l'échelle locale du Burkina Faso, trois pauses modulent la phase d'installation de la mousson de 1950 à 2008, sur les trois indices. Malgré le caractère sélectif de nos critères, la redondance des pauses détectées est assez importante pour fonder leur représentativité sur l'ensemble de la période d'étude. Le calendrier moyen local (tableau 3) que nous avons dressé, situe les trois pauses respectivement en début mai (pause 2), en fin juin (pause 3) et de fin juillet à début août (pause 4). Les dates de pauses sont synchrones sur les trois indices. Les pauses ont été ainsi numérotées pour faciliter la comparaison avec le calendrier régional de Louvet[6] et al. (2003). Si quelques décalages existent entre les deux calendriers pour les débuts et durées de pauses, une parfaite adéquation entre les dates de fin de pauses confirme la stabilité de cette modulation intrasaisonnière de la mousson. La phase d'installation de la mousson est si bien structurée que les calendriers établis à partir de différents types de données de précipitations (observations stationnelles, réanalyses, estimations satellitaires) et à différentes échelles montre une grande adéquation.

III.2   Etude la variabilité interannuelle des pauses.

L'étude de la variabilité s'inscrit dans une perspective de prévision. Par exemple, la mise en évidence d'une tendance stable et orientée dans un sens donné, dans la variabilité interannuelle peut servir à pronostiquer le sens de l'évolution future des dates de pauses. Notre période d'étude (1950 à 2008) comprend la période de la sécheresse au Sahel-Soudan caractérisée par une baisse durable des cumuls pluviométriques. Il y a tout lieu de se demander si la Sécheresse n'a pas aussi affecté le calendrier moyen des pauses. Auquel cas, un lien entre les évolutions du calendrier des pauses celles des cumuls pluviométriques pourrait être établi. En plus des cumuls, l'établissement d'éventuelles corrélations entre les dates de pauses et d'autres caractéristiques du cycle annuel des précipitations (quantités de pluies journalières, date de fin de la phase d'installation de la mousson) peut offrir des perspectives de prévision intéressantes dès le début de la saison. Pouvoir prévoir ces paramètres contribuerait à éclairer les décideurs intéressés par la prise de mesures d'anticipation et d'adaptation dans le secteur de l'agriculture. D'autres secteurs également affectés par la modulation intrasaisonnière de la mousson dans la région pourraient en tirer profit.

Aussi dans cette partie, nous examinerons d'abord la question de l'existence d'une tendance marquée dans la variabilité interannuelle des pauses au cours de la période d'étude. Ensuite nous chercherons à savoir si le calendrier moyen a subi des modifications significatives au passage de la période de la Sécheresse. Enfin, nous nous intéresserons à la recherche d'éventuelles corrélations entre les pauses et certains paramètres caractéristiques du cycle annuel des précipitations.

III.2.1 Recherche d'une tendance dans l'évolution interannuelle des dates de pause

Les dates moyennes de pauses sont associées à des écarts types qui sont de l'ordre de la dizaine de jours sur les trois indices (tableau 3). Afin de vérifier si de cette variabilité interannuelle, il se dégage une tendance de long terme dans les sens de l'avancement ou du retardement des pauses, nous avons examiné les évolutions des dates des centres de pauses en fonction des années de la période d'étude (figures 13). Les valeurs représentent les dates de pauses en ordonnées sont les quantièmes de l'année (nombre de jours de la date, sur le total de 365 jours que compte l'année). On remarque que les distributions des dates des centres de pauses sont ajustables par des droites horizontales dont les ordonnées à l'origine représentent les dates moyennes calculées sur la période d'étude. On note ainsi que les dates des centres de pauses fluctuent autour de ces droites sans qu'une tendance de long terme à la baisse ou à la hausse ne soit perceptible. En effet les points représentant ces dates semblent décrire des ondulations prenant l'aspect de sinusoïdes et ne permettent pas de formuler l'hypothèse de l'existence d'une tendance à l'avancement ou au retardement des dates de pauses au fil des années de notre période d'étude.

a) Indice Nord

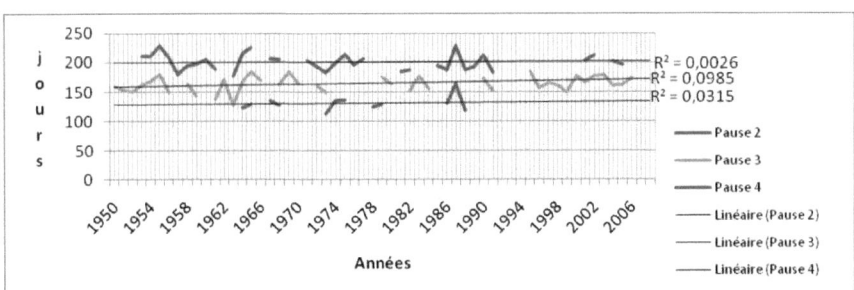

b) Indice Centre-Sud

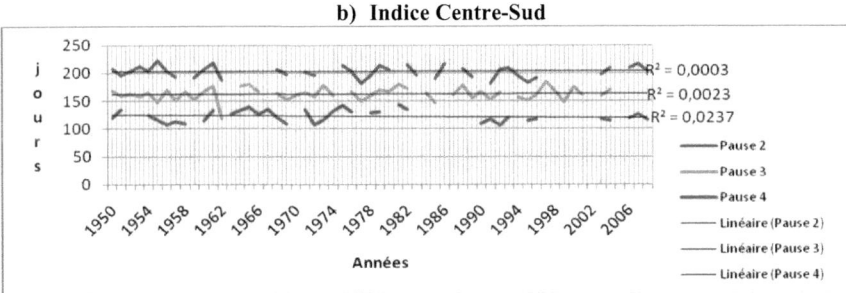

c) Indice Sud-ouest

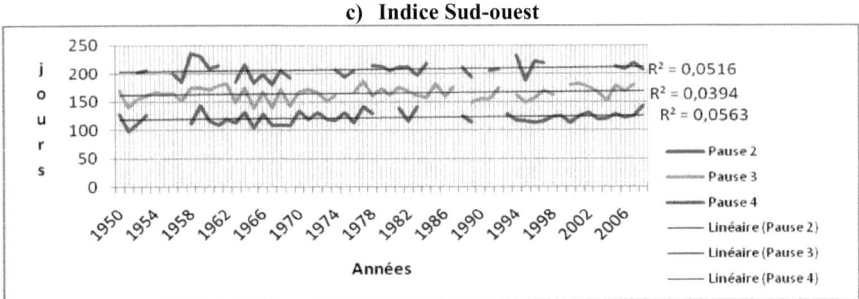

Figure 13 : Courbes de tendances des dates de centres des 3 pauses. a) indice Nord. b) indice Centre-Sud. c) indice Sud-ouest. En ordonnées les dates de pauses sont données en quantièmes (nombre de jours) de l'année. En abscisses les années de la période d'étude (1950 à 2008). Les droites de régression et coefficients (R^2) sont indiqués.

III.2.2 Recherche de modifications significatives consécutives à la sécheresse dans le calendrier des pauses.

III.2.2.1 Décomposition de la période d'études en trois sous périodes.

Afin de vérifier si la sécheresse a généré des perturbations sensibles de la modulation intrasaisonnière de la mousson, nous avons voulu comparer les distributions des dates de centres de pauses pour des sous périodes particulières de la période d'étude. Ces sous périodes sont définies par rapport à la période de la Sécheresse. Il convient de rappeler que les auteurs ayant étudié la Sécheresse la situent dans les décennies 70 et 80. C'est le cas par exemple de Charney[1], (1973) et de Dai[3], (2003). Certains d'entre eux tel Brooks[16], (2004) estiment qu'une relative reprise a été amorcée depuis le début des années 90. Notre période d'étude qui englobe cette période de sécheresse, permet un découpage en trois périodes (pré Sécheresse, Sécheresse, post Sécheresse). Nous avons tenu à vérifier que la période de la Sécheresse indiquée par la bibliographie est bien détectable avec nos données à l'échelle du Burkina. Pour cela, nous avons examiné les cumuls pluviométriques au cours de notre période d'étude. Les anomalies, par rapport à la moyenne de la période de Sécheresse, des cumuls annuels sont représentées dans la figure 14. L'examen de la figure laisse percevoir la nette baisse des cumuls du début de la décennie 70. La reprise des débuts 90 est moins nette à percevoir, mais on peut remarquer qu'à partir de cette dernière date, le nombre d'années à cumuls excédentaires a augmenté. Aussi, les sous périodes suivantes ont été retenues: 1950 à 1969 (sous période pré sécheresse) ; 1970 à 1989 (sous période Sécheresse) ; 1990 à 2008 (sous période post Sécheresse).

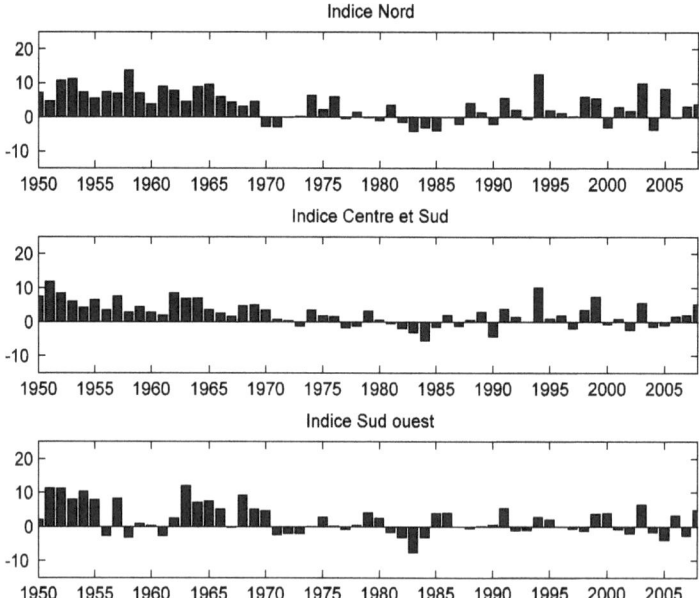

Figure14: Anomalies des cumuls pluviométriques du Burkina Faso sur la période d'étude (1950 à 2008), par rapport à la moyenne de la période de la sécheresse (1970 à 1989).

III.2.2.2 Variabilité des pauses suivant les sous périodes

L'analyse de la variabilité intrasaisonnière suivant ces trois sous périodes distinguées est présentée indice par indice.

Il s'est agi de comparer les distributions des dates de centres de pauses entre sous périodes, afin de détecter l'existence ou non de différences significatives entre les dates moyennes de pauses des sous périodes. Dans une première approche visuelle, des représentations graphiques permettent de situer les positions relatives des dates moyennes des centres de pauses par sous période. Ensuite, une approche statistique consistant à tester la signification des écarts entre moyennes est appliquée. Les résultats sont présentés et analysés indice par indice.

Cas de l'indice Nord.

La visualisation des pauses par sous périodes au niveau de l'indice Nord (figure 15) permet de constater l'absence d'écart au niveau de la pause 2. Des écarts sont par contre repérables au niveau des pauses 3 et 4. Pour toutes les 3 pauses, les centres des pauses pré sécheresse (ligne verticale verte) précèdent ceux de la sous période post sécheresse (ligne verticale bleue). Par contre, les positions relatives des centres de pauses de la sous période sécheresse (ligne verticale rouge) varient d'une pause à l'autre.

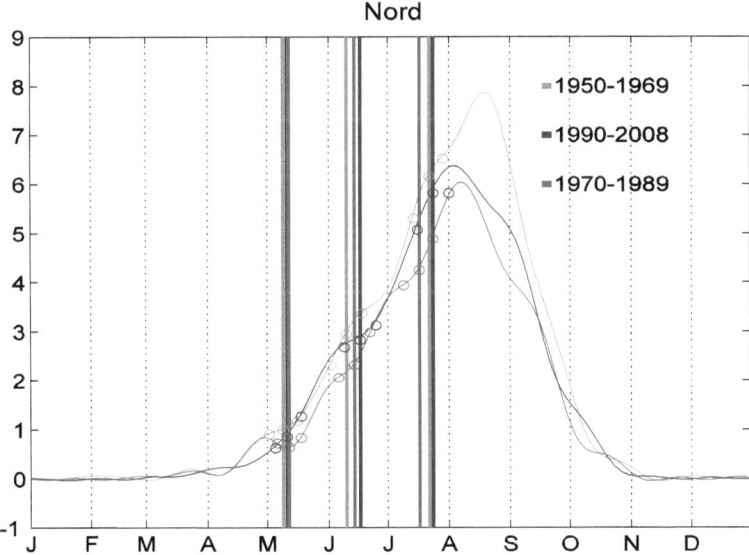

Figure15: Courbes des cycles annuels de précipitations par sous périodes et pauses associées. Les couleurs représentent les sous périodes. Les ronds sont les dates des pauses moyennes (début, centre et fin). Les lignes verticales marquent les positions des centres de pauses. En abscisses, l'année graduée en mois, et en ordonnées les différences de pluies journalières filtrées en mm.

Le tableau 5 présente les écarts (en nombres de jours) entre les moyennes des 3 sous périodes.

	Ecarts périodes (pré Sécheresse/Sécheresse)	Ecarts périodes (pré Sécheresse/post Sécheresse)	Ecarts périodes (Sécheresse/post Sécheresse)
Pause 2	Ecart Moyenne : -3	Ecart Moyenne : -3	Ecart Moyenne : 0
Pause 3	Ecart Moyenne : -4	Ecart Moyenne : -7	Ecart Moyenne : -3
Pause 4	Ecart Moyenne : 5	Ecart Moyenne : -2	Ecart Moyenne : -7

Tableau 5: Ecarts (en nombres de jours) entre sous périodes, des moyennes des dates de pauses pour l'indice Nord.

Les résultats des tests sur les moyennes ne sont pas significatifs. Ce qui veut dire que pour toutes les pauses, l'hypothèse nulle d'égalité des moyennes ne peut être rejetée. Il n'y a donc pas de modification significative des dates moyennes des centres de pauses au passage d'une sous période à l'autre. On retiendra donc qu'au niveau de l'indice Nord, il n'y a pas eu de variation signification au passage d'une sous période à l'autre.

Cas de l'indice Centre-Sud.

Sur la figure 16 ci-après, sont représentées les pauses par sous période au niveau de l'indice Centre-Sud. Des écarts existent entre les dates de centres pauses au niveau de la pause 2. Au niveau des pauses 3 et 4, les écarts semblent visiblement négligeables. Pour la pause 4 particulièrement, les dates de centres de pauses apparaissent pratiquement confondues.

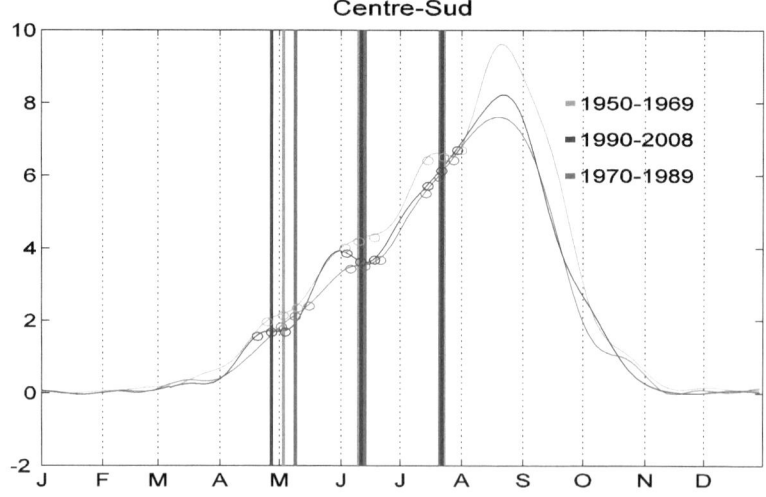

Figure 16 : Courbes de cycles annuels des précipitations par sous périodes et pauses moyennes associées pour l'indice Centre-Sud. Même légende que la figure 15

Le tableau 6   présente les résultats du calcul des écarts. Les nombres en gras indiquent les écarts testés significatifs au seuil de confiance de 95%.

	Ecarts périodes (pré Sécheresse/Pécheresse)	Ecarts périodes (pré Sécheresse/post Sécheresse)	Ecarts périodes (sécheresse/post Sécheresse)
Pause 2	Ecart Moyenne : -6	Ecart Moyenne : 6	Ecart Moyenne : **12**
Pause 3	Ecart Moyenne : -3	Ecart Moyenne : -1	Ecart Moyenne : 2
Pause 4	Ecart Moyenne : 2	Ecart Moyenne : 1	Ecart Moyenne : -1

Tableau 6 : Ecarts (en nombres de jours) entre sous périodes, des moyennes des dates de pauses pour l'indice Centre-Sud. Les écarts testés significatifs au seuil de confiance de 95% sont notés en gras.

L'examen des résultats du tableau montre une variation significative de 12 jours (+12) de la date moyenne du centre de la pause 2 entre la sous période sécheresse et la sous période post sécheresse. On retiendra donc que la date moyenne de la pause 2 varie de manière significative (elle avance de 12 jours) au passage de la sous période sécheresse (1970-1989) à la sous période post sécheresse (1990-2008).

Cas de l'indice Sud-ouest.

Les positions relatives des dates moyennes des centres de pause au Sud-ouest (figure 17), indiquent que les pauses sont relativement plus précoces durant la sous période pré sécheresse (couleur verte). Les positions relatives sont nuancées pour les autres sous périodes (sécheresse et post sécheresse). Des écarts sont perceptibles au niveau de toutes les pauses, mais seule l'analyse des écarts par les tests (tableau 7) permettra de dire s'ils sont significatifs ou non.

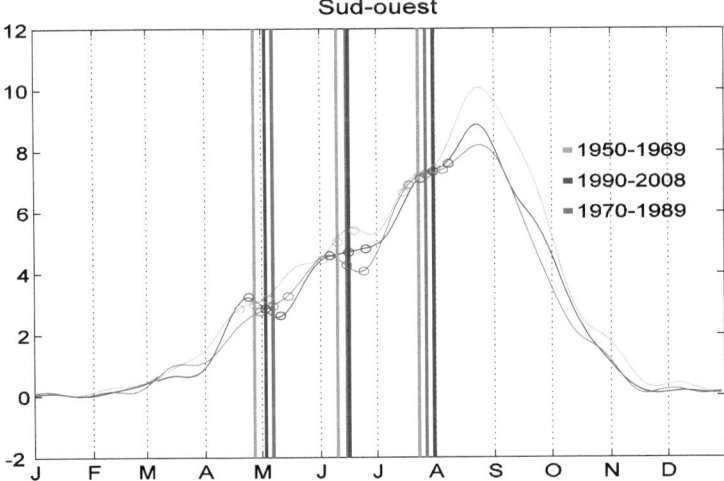

Figure 17 : Courbes de cycles annuels de précipitations par sous périodes et pauses moyennes associées, pour l'indice Sud-ouest. Même légende que la figure 15.

Les résultats de l'analyse statistique sont résumés dans le tableau 7.

	Ecarts (Pré/Pendant Sécheresse)	Ecarts (Pré/Post Sécheresse)	Ecarts (Pendant/Post Sécheresse)
Pause 2	**Ecart Moyenne : -11**	Ecart Moyenne : -6	Ecart Moyenne : 5
Pause 3	Ecart Moyenne : -5	Ecart Moyenne : -5.19	Ecart Moyenne :
Pause 4	Ecart Moyenne : -4	Ecart Moyenne : -8	Ecart Moyenne : -4

Tableau 7 : Ecarts, entre sous périodes, des moyennes des dates de pauses pour l'indice Sud-ouest. En gras les écarts testés significatifs au seuil de confiance de 95%

Pour l'indice Sud-ouest, on note au niveau de la pause 2, un écart significatif de 11 jours (-11) pour les moyennes, indiquant qu'au passage de la sous période pré sécheresse à la sous période sécheresse, la date moyenne de la pause 2 a été retardée de 11 jours.

Résumé sur l'ensemble des indices.

Les dates moyennes des centres de pauses n'ont subi de variations significatives qu'au niveau de la pause 2, d'une part au passage de la sous période pré sécheresse à celle de la sous période sécheresse dans l'indice Sud-ouest (retard de la date), et d'autre part au passage de la sous période sécheresse à la sous période post sécheresse dans le Centre-Sud (avancement de la date). On remarquera que ces modifications significatives sont très restreintes, car elles n'affectent que la pause 2. La sensibilité particulière de cette pause pourrait s'expliquer en partie par la position de cette pause, située juste au début de la saison de mousson. La sous période Sécheresse a été sans doute caractérisée aussi par une raréfaction des pluies précoces hors saison.

Mais le comportement marginal de la pause 2, qui est du reste la moins représentative des trois pauses, ne suffit pas pour remettre en cause l'absence de variation significative de l'ensemble. Par conséquent on peut en déduire que la Sécheresse au Sahel n'a pas eu d'impact significatif sur le calendrier moyen des pauses au Burkina Faso. Ce résultat est en accord avec ceux de Louvet[6] et al. (2003) sur la sous région Afrique de l'Ouest et Dieng[7] et al. (2008) sur le Sénégal.

III.2.3 Quelles relations entre les pauses et entre les pauses et d'autres caractéristiques du cycle annuel des précipitations ?

Notre démarche a consisté d'abord à rechercher des corrélations linéaires par le calcul des coefficients de corrélations linéaires de Bravais-Pearson. L'analyse des coefficients de corrélations linéaires a été complétée par une analyse comparative (calcul d'écarts et tests de signification) des distributions des variables qui nous intéressent (cumuls saisonniers, maximums de différences de pluies journalières et dates de ces maximums).

III.2.3.1 Recherche de corrélations linéaires.

Le calcul des coefficients de corrélations linéaires a concerné les dates, durées de pauses et les cumuls saisonniers. Les résultats sont présentés indice par indice dans des tableaux où ne figurent que les coefficients significatifs (pour un seuil de confiance de 95%) dont les valeurs absolues atteignent au moins ($R = 0.3$).

Indice Nord.

Le tableau 8 résume les résultats du calcul des coefficients de corrélation linéaire de Bravais-Pearson pour l'indice Nord.

	CP2	CP3	CP4	UP2	UP3	UP4	CS
CP2		R = 0.79	R = 0.61				
CP3			R= 0.83				
CP4						R= 0.44	

Tableau 8 : Coefficients de corrélations linéaires entre pauses (dates, durées) et entre pauses et cumuls pluviométriques saisonniers au niveau de l'indice Nord. R désigne les coefficients (en rouge les coefficients > 0.5). Les cases vides correspondent à des coefficients non significatifs ou inférieurs à 0.3 en valeur absolue. CP2, CP3 et CP4 sont les dates de centres des pauses 2, 3 et 4, tandis que UP2, UP3, UP4 sont les durées de ces pauses. CS désigne le cumul pluviométrique saisonnier.

L'examen du tableau des résultats (tableau 8) permet de constater l'existence de coefficients significatifs positifs. Le coefficient de corrélation linéaire le plus fort (R = 0.83), correspondant à plus de 60% de variance totale expliquée, relie les dates de centres des pauses 3 et 4. Les dates de centres des pauses 2 et 3 sont aussi assez fortement corrélées (R = 0.79). Les pauses 2 et 4 sont corrélées avec un coefficient relativement moins important de R = 0.61. On remarque que les pauses consécutives sont plus corrélées entre elles que celles qui ne le sont pas. Tous ces coefficients qui sont positifs, varient aussi à l'intérieur d'une plage de valeurs positives dans l'intervalle de confiance. Cela indique que des installations précoces ou tardives des premières pauses seraient suivies de décalages dans le même sens pour les pauses suivantes. Une faible corrélation linéaire existe entre les dates et durées de la pause 4, mais le coefficient bien que significatif est très faible (R = 0.44). En revanche, aucune corrélation linéaire n'existe entre les pauses et les cumuls saisonniers.

Indice Centre Sud

Le tableau 9 ci-dessous résume les résultats du calcul des coefficients de corrélation linéaire de Bravais-Pearson pour l'indice Centre-Sud. Les coefficients non significatifs ou très faibles ne sont pas indiqués.

	CP2	CP3	CP4	UP2	UP3	UP4	CS
CP2		R= 0.43	R= 0.37				
CP3			R= 0.58				R= - 0.38
UP4							R= 0.40

Tableau 9: Coefficients de corrélations linéaires entre pauses (dates, durées) et entre pauses et cumuls pluviométriques saisonniers pour le Centre Sud. Même légende que le tableau 8.

De l'examen du tableau des coefficients (tableau 9), on note l'existence de faibles corrélations significatives entre les dates des pauses. En effet les coefficients de corrélation sont nettement moins importants que ceux calculés au niveau de l'indice Nord. Relativement, les plus forts coefficients sont toujours observés entre pauses consécutives. R vaut 0.58 entre les dates des pauses 3 et 4, mais n'atteint que 0.43 entre les dates des pauses 2 et 3. Il est seulement de 0.37 entre les pauses 2 et 4. De la même manière qu'au niveau de l'indice Nord, ces valeurs positives varient également à l'intérieur d'une plage de nombres positifs dans l'intervalle de confiance. Aucune corrélation linéaire ne se dégage entre les dates et durées de pauses. Par contre on note d'une part, qu'une corrélation linéaire assez faible (R = 0.40) mais significative, existe entre les durées de pause 4 et les cumuls saisonniers. D'autre part, une autre faible corrélation linéaire significative (R = - 0.38) a été trouvée entre les cumuls saisonniers et les dates de centres de pause 3. Bien que faible, la corrélation significative et négative entre la pause 3, dont la fin marque l'installation définitive de la saison de mousson et le moment des semis sur la majeure partie du territoire, et les cumuls est intéressante. En effet une année de pause 3 tardive pourra être considérée comme une année à risque pour un déficit de cumul pluviométrique.

Indice Sud-ouest.

Les résultats du calcul des coefficients de corrélation linéaires pour l'indice Sud-ouest sont résumés dans le tableau 10. On peut constater la présence de faibles corrélations positives entre la durée de la pause 2 et les dates de centres de pause 3 et 4. Une faible corrélation négative lie les dates de pause 3 et la durée de la pause 4.

	CP2	CP3	CP4	UP2	UP3	UP4	CS
CP2		R = 0.54					
CP3			R = 0.7	R = 0.37		R = - 0.31	
CP4				R = 0.35			

Tableau 10: Coefficients de corrélations linéaires entre pauses (dates, durées) et entre pauses et cumuls pluviométriques saisonniers pour le Sud-ouest. Même légende que le tableau 8.

Tout comme pour les deux précédents indices, les relatives fortes corrélations entre pauses consécutives se confirment. Le coefficient de corrélations s'élève à 0.70 entre les dates des pauses 3 et 4, atteint 0.54 entre les dates des pauses 2 et 3, alors qu'il est seulement de 0.27 (non indiqué dans le tableau) entre les dates des pauses 2 et 4. On obtient aussi des coefficients significatifs positifs entre les durées de la pause 2 et les dates de la pause 3 (R = 0.37), et entre ces mêmes durées et les dates de la pause 4 (R = 0.35). Cela signifie, sous réserve de la faiblesse des corrélations, qu'une pause 2 prolongée peut être annonciatrice de pause 3 et pause 4 tardives. Entre les dates de la pause 3 et les durées de la pause 4, on obtient un coefficient négatif R = - 0.31.

Aucun coefficient significatif au sens de nos critères, n'a été obtenu entre les cumuls et les pauses, c'est-à-dire, ni avec les dates des centres de pauses, ni avec leurs durées. On peut donc conclure à l'absence de corrélation linéaire entre les cumuls saisonniers et les pauses au niveau de l'indice Sud-ouest.

III.2.3.2 Comparaison des caractéristiques du cycle annuel entre années de pauses précoces et années de pauses tardives.

Le calcul des coefficients de corrélation linéaire a mis en évidence une faible mais intéressante corrélation significative entre la pause 3 et les cumuls. Afin de compléter cette approche, nous avons fait une analyse comparée de la distribution des cumuls pour des années où les pauses sont en avance avec celles où elles sont en retard. La même analyse a été réalisée pour le maximum des différences de pluies journalières filtrées et la date d'atteinte de ce maximum. Le maximum des pluies journalières filtrées peut en effet constituer un indicateur de l'intensité des précipitations. La date d'atteinte de ce maximum représente la fin de la phase de montée de la mousson ou, ce qui revient au même, le début de la phase de retrait. Pour ce faire il a fallu définir de manière objective les années de pauses en avance et années de pauses en retard.

Détermination des années de pauses en avance (retard).

Nous avons défini comme année de pause en avance pour une pause déterminée, une année dont la date de pause (le quantième de l'année en nombre de jours) est inférieure à la date moyenne moins l'écart type. L'année de pause en retard est définie comme une année où la date de pause concernée est supérieure à la date moyenne de pause augmentée de l'écart type. L'application de ces deux critères aux trois indices a permis d'identifier pour chaque pause, les années de pauses en avance et les années de pauses en retard (tableau 11).

Le peu d'années détectées au niveau de l'indice Nord s'explique par le fait qu'au niveau de cet indice, il y a relativement moins d'années où les pauses 2 remplissent nos critères de définition des pauses.

		Pause 2	Pause 3	Pause 4
Indice Nord	Années de pauses en avance	1973, 1988.	1952, 1956, 1959, 1961, 1963, 1973, 1999.	1957, 1961, 1963, 1973 1981, 1982, 1986, 1988, 1991.
	Années de pauses en retard	1983, 1987.	1955, 1965, 1969, 1987, 1995, 2003, 2008.	1955, 1964, 1965, 1987, 1998, 2008
Indice Centre-Sud	Années de pauses en avance	1956, 1958, 1969, 1972, 1990, 1992.	1955, 1957, 1962, 1977, 1985, 1995, 1999	1959, 1962, 1977, 1985, 1991, 1995, 1996.
	Années de pauses en retard	1951, 1964, 1965, 1967, 1971, 1975, 1981, 1982	1961, 1964, 1965, 1973, 1981, 1988, 1997, 2000.	1955, 1961, 1982, 1986, 1998, 2007.
Indice Sud-ouest	Années de pauses en avance	1951, 1961, 1965, 1967, 1968, 1969.	1951, 1957, 1963, 1965, 1967, 1969, 1973, 1989, 1995, 2004.	1957, 1963, 1965, 1967, 1969, 1975, 1989, 1995.
	Années de pause en retard	1959, 1970, 1977, 1981, 1983, 1985, 2008.	1961, 1962, 1977, 1985, 2000, 2001, 2005, 2007.	1958, 1959, 1962, 1994, 1996

Tableau 11 : Années de pauses en avance et en retard par indice et par pause.

Les résultats de notre étude statistique sont présentés pause par pause sous forme de tableaux spécifiant les moyennes, les écarts et les résultats des tests de signification. Nous ne présentons que les résultats correspondant aux pauses 2 et 3 car ce sont elles qui sont situées en début de saison. Une corrélation basée sur ces pauses permettrait de disposer d'une indication à temps pour les décisions et choix à opérer.

Indice Nord

La pause 2 ayant été très peu détectée au Nord, les résultats concernant cette pause ne sont pas assez représentatifs. Ils ont été donnés à titre indicatif. Les analyses ne concernent donc que la pause 3. On constate que pour les dates de fin de montée de la mousson (fin de phase d'installation), l'écart des moyennes est négatif mais non significatif. La moyenne des valeurs des maximums de différences de pluies journalières filtrées pour les années de pauses en avances est supérieure à celle des années de pauses en retard. Bien que testé non significatif statistiquement, l'écart entre les cumuls saisonniers moyens est non négligeable

(79.10 mm) car assez élevé au regard de la faible pluviométrie au Nord. Les résultats sont résumés dans le tableau 12.

Caractéristiques du cycle annuel des précipitations	Position des pauses	Pause 2	Pause 3
Dates de fin de phases de montée de la mousson	Moyenne pauses en avance	7 août	9 août
	Moyenne pauses en retard	31 août	14 août
	Ecart (en nombre de jours)	-24	-5
Valeurs max des différences de pluies journalières filtrées (en mm)	Moyenne pauses en avance	8.9	10.5
	Moyenne pauses en retard	5.95	7.9
	Ecart	2.95	2.6
Cumuls pluviométriques saisonniers (JAS) en mm	Moyenne pauses en avance	464.46	531.45
	Moyenne pauses en retard	340.14	452.35
	Ecart	124.33	79.10

Tableau 12 : Valeurs des moyennes et écarts de paramètres (dates de fin d'installation de la mousson, valeurs maximales des différences de pluies journalières filtrées, cumuls pluviométriques saisonniers) du cycle annuel des précipitations pour années de pauses en avance/retard, au niveau de l'indice Nord.

Indice Centre Sud.

Au niveau de l'indice Centre-Sud, tous les tests indiquent également que les différences entre distributions des années de pauses en avance et années de pauses en retard ne sont pas significatives du point de vue statistique au seuil de confiance de 95%. Toutefois on note au niveau de l'indice Centre-Sud que les années de pauses en avance semblent conduire à des dates de fin de montées de mousson relativement plus tardives. Elles correspondent à des cumuls pluviométriques saisonniers moins importants (écart négatif de - 44.03 mm) au niveau de la pause 2 et à un surplus des cumuls (écart positif de + 57.18mm) au niveau de la pause 3. Le surplus de cumul des années de pause 3 en avance confirme la corrélation linéaire négative établie précédemment entre la date de la pause 3 et les cumuls. Les résultats sont résumés dans le tableau 13.

Caractéristiques statistiques		Pause 2	Pause 3
Dates de fins de phases d'installation de la mousson	Moyenne pauses en avance	20 août	18 août
	Moyenne pauses en retard	18 août	14 août
	Ecart (en nombre de jours)	2	4
Valeurs max de pluies journalières filtrées en mm	Moyenne pauses en avance	9.76	10.17
	Moyenne pauses en retard	10.15	9.73
	Ecart	-0.38	0.45
Cumuls pluviométriques saisonniers (JAS) en mm	Moyenne pauses en avance	568.52	620.94
	Moyenne pauses en retard	612.55	563.76
	Ecart	-44.03	57.18

Tableau 13 : Valeurs moyennes et écarts des caractéristiques indiquées du cycle annuel des précipitations pour l'indice Centre-Sud. Même légende que le tableau 12

Indice Sud-ouest.

A la différence des deux premiers indices, les résultats obtenus au niveau de l'indice Sud-ouest révèlent l'existence d'écarts significatifs entre années de pause 3 en avance et années de la même pause en retard (tableau 14). Ces écarts concernent la date de fin d'installation de la phase de la mousson au Sud-ouest. Un écart négatif de 18 jours indiquent que, comparativement aux années de pause 3 en retard, cette fin de phase d'installation de la mousson est retardée de 18 jours en années de pause 3 en avance. Autrement dit, en années de pause 3 en avance au Sud-ouest, la phase d'installation de la mousson est allongée. Cette situation est associée à un surplus de cumuls pluviométriques. L'écart moyen testé significatif entre les cumuls correspondants, est de **89.68 mm**. Afin d'analyser ces écarts, nous avons représenté ces cumuls en boites de moustaches (figure 18 et figure 19). La figure 18 représente les cumuls trimestriels (juillet, août, septembre) tandis que la figure 19 donne une représentation plus détaillée en cumuls mensuels.

On peut remarquer sur la figure 18 que les écarts affectent l'ensemble de la distribution, montrant que l'écart moyen est alimenté aussi bien par les faibles que les forts cumuls.

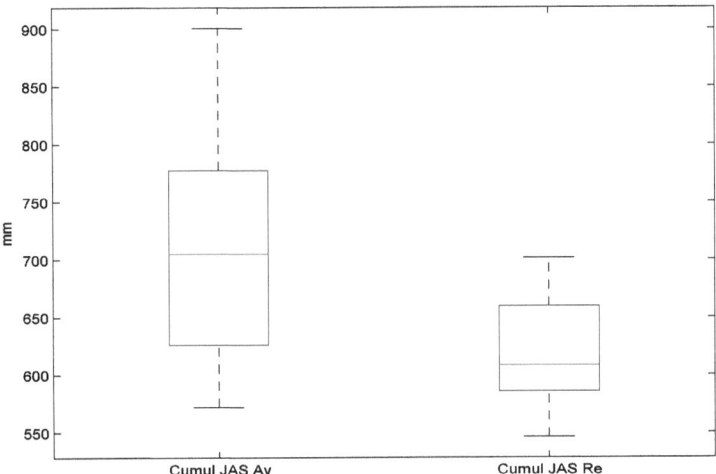

Figure 18 : Représentation en boites à moustaches des cumuls saisonniers (JAS pour juillet, août, septembre) correspondant aux années de pause 3 en avance et en retard (Av pour Avance et Re pour Retard) au niveau de l'indice Sud-ouest. Les boites (rectangles bleus) renferment 75% des effectifs (cumuls). Le trait rouge indique la médiane et les extrémités les minimums et maximums.

La figure 19 montre que les mois d'août sont les plus arrosés du point de vue cumuls. Viennent après dans l'ordre les mois de septembre et juillet. Les cumuls mensuels d'août correspondant aux années de pause 3 en avance se distinguent nettement de ceux des autres mois. La comparaison entre cumuls mensuels d'années en avance et années en retard pour le même mois montre bien que les écarts les plus importants sont enregistrés en juillet, mois situé dans la phase de regain de l'activité pluviométrique qui intervient à la fin de la pause 3.

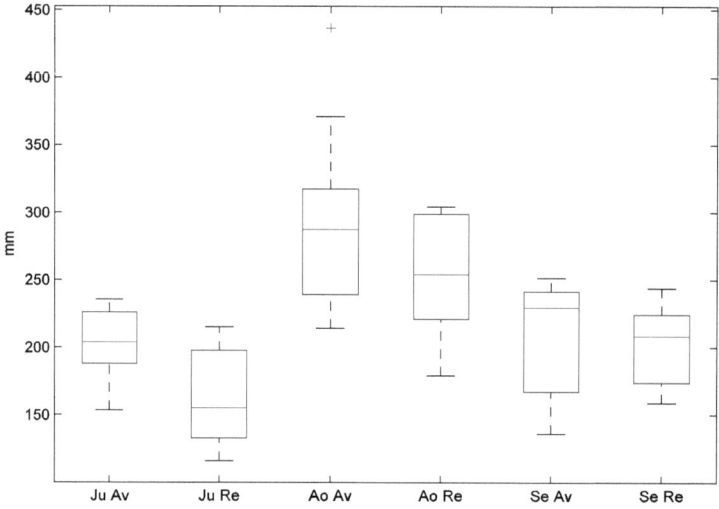

Figure 19 : Représentation en boites à moustaches des cumuls mensuels (Ju/Ao/Se, signifient Juillet /Août/ Septembre) correspondant aux années de pause 3 en avance et en retard (Av/Re, signifient Avance/retard) au niveau de l'indice Sud-ouest.

Le tableau 14 résume les résultats obtenus au Sud-ouest.

Caractéristiques statistiques		Pause 2	Pause 3
Dates de fins de phases d'installation de la mousson	Moyenne pauses en avance	21 août	8 août
	Moyenne pauses en retard	22 août	26 août
	Ecart	-1	**-18**
Valeurs max de pluies journalières filtrées en mm	Moyenne pauses en avance	11.2	11.6
	Moyenne pauses en retard	10.5	10.2
	Ecart	0.7	1.4
Cumuls pluviométriques saisonniers (JAS) en mm	Moyenne pauses en avance	716.49	703.25
	Moyenne pauses en retard	654.21	613.57
	Ecart	62.28	**89.68**

Tableau 14 : Valeurs moyennes et écarts des caractéristiques indiquées du cycle annuel des précipitations pour l'indice Sud-ouest. Même légende que le tableau 12. Les valeurs en gras indiquent les écarts testés significatifs.

Synthèse du chapitre

L'objectif de ce chapitre était la présentation et l'analyse des résultats obtenus.

Trois pauses ont été identifiées pour le Burkina avec des fréquences assez représentatives de la période d'étude. Le calendrier moyen a été établi par calcul des moyennes arithmétiques des dates de pauses sur le nombre des années pour lesquelles chaque pause a été détectée sur chaque indice. Les trois pauses sont assez synchrones sur l'ensemble des trois indices. La comparaison avec le calendrier régional de Louvet[6] et al. (2003) montre une cohérence beaucoup plus prononcée au niveau des fins de pauses. Cette cohérence des résultats malgré la différence d'échelles et de types de données utilisées montre l'envergure régionale et la stabilité de l'organisation du phénomène de la mousson.

L'étude des variabilités a mis en évidence l'existence de corrélations linéaires positives significatives, d'intensités variables (assez fortes à moyennes) entre les pauses. Elles montrent qu'un avancement ou un retard d'une pause devrait être suivi d'un décalage de la pause suivante dans le même sens. Une corrélation linéaire significative au seuil de confiance de 95%, mais assez faible (R = - 0.38) a pu être établie entre les dates de pause 3 et les cumuls au niveau de l'indice Centre-Sud. En complément à cette recherche de corrélations linéaires, nous avons fait une étude comparative de la distribution de quelques paramètres du cycle annuel des précipitations intéressant à prévoir (cumuls pluviométriques, de maximum de pluies journalières, et de la date de ce maximum) correspondantes à des années de pauses en avance et de pauses en retard. Au niveau de la pause 3 sur l'indice Sud-ouest, des différences significatives intéressantes ont été enregistrées :

- Un décalage positif de 18 jours correspondant à un recul de la fin de la phase de montée de la mousson (date d'atteinte du maximum de pluie journalière filtrée au cours du cycle annuel des précipitations) pour les années en avances. Autrement dit, en années de pause 3 en avance, la fin de la phase de montée de la mousson est retardée en moyenne de 18 jours comparativement aux années de pause 3 en retard. Il faut rappeler que cette date représente aussi le début de la phase de retrait de la mousson.

-Un écart positif de 89.68 mm de cumul pluviométrique saisonnier (juillet août septembre) entre les années de pause 3 en avance et les années de pause 3 en retard. Ce surplus qui provient essentiellement d'écarts entre cumuls du mois de juillet, représente plus de 13% du cumul saisonnier (JAS) moyen sur l'indice au cours de la période d'étude. Il est très important en termes d'impact sur une campagne agricole, car au Burkina, une pluie journalière de 20 mm en période critique (floraison du maïs ou maturation du mil en fin de saison) peut faire basculer l'issue de la campagne agricole.

Conclusion Générale.

L'objet de notre travail dans le cadre de ce stage de master II recherche, était d'étudier les variations intrasaisonnières des précipitations de mousson au Burkina Faso. Les objectifs affichés étaient d'abord de préciser à cette échelle, le nombre et le calendrier moyen des pauses de la phase d'installation de la mousson. Ensuite, dans la perspective de dégager des corrélations pouvant contribuer à la prévision des pauses et de certains paramètres importants du cycle annuel des précipitations, d'étudier la variabilité interannuelle des pauses. Du point de vue scientifique, notre travail de précision et d'adaptation à des échelles plus fines, avait pour finalité de contribuer à une meilleure connaissance du phénomène, en documentant ses particularités locales.

Notre approche a été inspirée par celle utilisée par Louvet[6] et al. (2003) pour caractériser la variabilité intrasaisonnière des précipitations de mousson à l'échelle de toute l'Afrique de l'Ouest. Elle s'en distingue toutefois par le type de données utilisées. En effet, si Louvet[6] et al. (2003) ont travaillé sur des données composites, nous avons utilisé exclusivement des données stationnelles d'observation. L'originalité et l'utilité pratique de notre travail sont justifiées par l'absence de publication sur cette thématique sur le Burkina Faso, un des pays sahéliens où les rendements agricoles sont affectés par la variabilité intrasaisonnière des précipitations de la mousson (Sultan[4], 2002).

Afin de disposer de données homogènes requises pour ce genre de travail, trois indices ont été constitués à l'aide de la classification ascendante hiérarchique. Cette méthode a été préférée à d'autres méthodes objectives car elle offre le double avantage de l'efficacité et de la simplicité. Après avoir filtré nos données au filtre passe bas de Butterworth pour éliminer les influences des fluctuations journalières et synoptiques, nous avons appliqué un critère simple de détection de pause, défini après une étude statistique des différences de pluies journalières filtrées consécutives $((J+1) - J)$. L'application de ce critère sur chaque indice, aux 59 années de notre période d'étude, a permis d'identifier un certain nombre de pauses sur chaque année. Les pauses de faibles fréquences (non assez représentatives de la période d'étude), et celles qui sont situées en dehors de la période climatologique de la saison des pluies de mousson au Burkina, ont été éliminées.

Le premier des résultats auxquels nos sommes parvenus, a été de montrer qu'il était possible de mettre en évidence la modulation de la phase d'installation de la mousson à l'échelle locale du Burkina, à l'aide de données stationnelles de précipitations journalières. Nous avons en effet détecté sur chacune des trois indices trois pauses numérotées suivant leur chronologie d'apparition comme pause 2, pause 3 et pause 4 pour permettre la comparaison avec le calendrier régional. A ce niveau d'échelle, Dieng[7] et al. (2008) avaient déjà suivi la même approche pour des résultats similaires sur le Sénégal, mais en utilisant non pas des données journalières, mais des données organisées en pentades.

En procédant au calcul des moyennes arithmétiques (sur le nombre total des années pour lesquelles chaque pause a été détectée) des dates (début, centre, fin) des pauses, nous avons établi des calendriers des pauses pour les trois indices constitués. Le caractère synchrone de ces calendriers moyens permet de parler d'un calendrier unique pour tout le territoire. Ce calendrier situe la fin de la pause 2 en début mai (entre le 10 et le 17 mai), la fin de la pause 3 en fin juin (entre le 19 et 22 juin), et la fin de la pause 4 en fin juillet/début août (entre le 28 juillet et le 4 août). Les dates du calendrier obtenu à l'échelle du Burkina, particulièrement celles de fins de pauses sont en adéquation avec celles du calendrier établi pour toute la région Afrique de l'Ouest. Nos résultats confirment le fait que la fin de pause 3 soit considérée comme le moment où la saison des pluies de mousson est définitivement installée sur tout le Soudan-Sahel.

Conclusion générale.

Ces résultats sont intéressants tant du point de vue de la contribution à la connaissance scientifique que pour les perspectives d'applications pratiques. La mise en évidence d'une adéquation entre calendrier régional et calendrier local d'une part, et la possibilité de parvenir à des résultats concordants en partant de types de données différents d'autre part, confirment la stabilité et l'envergure régionale de l'organisation du phénomène de la mousson ouest africaine. L'intérêt pratique de disposer d'un calendrier local des phases d'intensification et de pauses des pluies, est qu'il peut servir de base pour une planification globale de long terme des activités sensibles à la variabilité intrasaisonnière des précipitations. Dans le secteur de l'agriculture, les périodes de pauses peuvent être considérées comme des périodes où le risque d'occurrences de séquences sèches tant redoutées aux phases critiques des cultures (floraison du maïs, maturation du sorgho) est plus élevé. Dans le secteur de la santé et de la protection civile, ce sont plutôt les périodes des phases d'intensification des pluies qu'il importe d'intégrer dans la planification des activités. En effet, de fortes humidités (dont l'impact sur les vecteurs du paludisme a été établi Louvet[6] et al. 2003) et des risques d'accidents hydriques sont associées aux regains de l'activité pluvio-orageuse des phases actives.

Au titre du second point de nos objectifs qui consistait à étudier la variabilité des pauses en relation avec celles de paramètres pluviométriques intéressants à prévoir (cumuls pluviométriques, date de fin d'installation de la mousson), nous avons d'abord examiné l'éventualité de l'existence d'une tendance stable de long terme, orientée dans un sens donné, dans la variabilité interannuelle des pauses. Aucune tendance du genre n'a pu être dégagée sur la période d'étude, les dates de pauses fluctuant de manière quasi sinusoïdale autour de la date moyenne. Ensuite, la question de l'impact de la sécheresse sur le calendrier des pauses a été examinée. A cette fin, la période d'étude a été subdivisée en 3 sous périodes comprenant une période pré sécheresse, une période sécheresse, et une période post sécheresse. Ce découpage a été fait en partant de la période de la sécheresse documentée par les publications scientifiques (Folland[2] et al. 1986 ; Brooks[16], 2004). En examinant la série des cumuls annuels obtenus avec nos données, nous avons pu constater que la période de Sécheresse indiquée par la bibliographie était repérable sur notre série de données sur le Burkina. Ainsi, la période de 1970 à 1989 a été définie comme sous période Sécheresse, les deux autres sous périodes (pré et post) ont été situées de part et d'autres de cette sous période. L'analyse comparée des distributions de dates de pauses de ces 3 sous périodes au moyen des tests paramétriques de Student (tests de moyennes) et de Fisher (tests de variances) a révélé que des modifications significatives n'ont affectées que le calendrier de la pause 2. Mais ces résultats ne concernent que la pause la moins représentative des trois, et dont la position particulière juste au début de la saison de mousson pourrait expliquer cette sensibilité. Pour les pauses 3 et 4, qui sont les plus représentatives, notre approche n'a pas permis d'affirmer qu'il y ait eu une modification sensible du calendrier consécutive à la Sécheresse au Sahel. On peut donc considérer qu'au Burkina, conformément aux résultats de l'échelle régionale, la Sécheresse des décennies 70 à 80 n'a pas modifié significativement le calendrier des pauses au Burkina, mais elle semble avoir eu un impact sur la durée de la phase d'installation de la saison. La baisse des précipitations consécutives à cette Sécheresse, ne s'est donc pas produite au moyen d'une modification du calendrier des pauses.

La recherche de corrélations linéaires par le calcul des coefficients linéaires de Bravais-Pearson a montré que les dates de pauses sont assez fortement corrélées entre elles. Ces corrélations linéaires sont positives et plus importantes pour des pauses consécutives. Au Centre-Sud, des corrélations linéaires significatives entre les pauses et les cumuls pluviométriques ont été mises à jour. Bien que faibles, ces corrélations significatives offrent une information qualitative utile. En effet, dans l'évaluation des risques d'occurrence de catastrophe, et le déficit pluviométrique en est une pour les populations locales, même les faibles probabilités d'occurrence ne doivent point être négligées. En météorologie

Conclusion générale.

aéronautique par exemple, une probabilité d'occurrence d'un phénomène dangereux pour l'aéronautique de 30% est systématiquement prise en compte. Si cette probabilité dépasse le seuil de 40%, la règlementation impose que l'information soit exploitée comme si l'évènement était certain. Nous voulons ainsi souligner que même si la plus part des corrélations linéaires établies sont faibles du point de vue analyse scientifique, elles peuvent malgré cela, avoir une grande utilité pratique.

Du reste l'absence ou la faiblesse de corrélations linéaires ne signifient pas absence de toute corrélation. C'est pourquoi nous avons exploré d'autres types de corrélations en étudiant les écarts de valeurs prises par les paramètres que l'on cherche à prévoir, suivant que l'on situe en années de pauses en avance ou en années de pauses en retard. Les résultats ont mis en évidence, une modification statistiquement significative de la date de fin de l'installation de la mousson sur l'indice Sud-ouest. Cette date qui constitue aussi la date de début de retrait de la mousson, est ainsi retardée de **18 jours** en années de pause 3 en avance, comparativement aux années de pause 3 en retard. Ce décalage peut contribuer à expliquer la seconde modification significative affectant cette fois-ci les cumuls pluviométriques saisonniers. Il est ressorti que comparativement aux années de pause 3 en retard, la moyenne des cumuls pluviométriques saisonniers des années de pause 3 en avance enregistre un surplus de **89.68 millimètres**. L'analyse des contributions des cumuls mensuels à ce surplus montre que l'essentiel de l'écart est observé dans le mois de juillet. Cette étude de variabilité a donc permis de dégager trois informations d'une grande utilité pratique pour l'agriculture locale:
1. Les assez fortes corrélations linéaires positives entre pauses indiquent que l'installation précoce ou tardive d'une pause sera probablement suivie d'un décalage de la pause suivante dans le même sens.
2. Au Sud-ouest, les années de pause 3 tardives sont potentiellement des années de fin précoce de la saison des pluies et de déficits pluviométriques.
3. Au Sud-ouest, le mois de juillet est le mois le plus sensible aux fluctuations des cumuls pluviométriques saisonniers (JAS).

Limites et perspectives.

En ce qui concerne les limites, Il convient de signaler que la prise en compte de la pause 2 comme pause intervenant dans la phase d'installation de la mousson sur l'ensemble du Burkina, n'est pas indiscutable. En effet au Nord, outre qu'elle ait été détectée sur un nombre d'années (21 ans) peu représentatifs de l'ensemble de la période (59 ans), la date moyenne de cette pause est climatologiquement située juste avant le début de la saison de mousson (fin avril début mai). De ce fait, on ne peut exclure l'éventualité que certaines précipitations qui précèdent la pause 2, soient générées par des pluies d'origine extra tropicales (non due à la mousson), qui surviennent souvent avant l'installation de la saison de mousson. Il convient aussi de souligner que les critères de définition imposés n'ont pas permis de détecter les pauses retenues sur toutes les années de notre période d'étude. Aussi la représentativité des résultats est certainement fonction du nombre d'années pour lesquelles des pauses ont été effectivement détectées.

En perspectives, nous comptons poursuivre notre travail en abordant des aspects connexes que le cadre restreint de notre stage n'a pas permis d'aborder. Dans le cadre de la recherche opérationnelle en climatologie aéronautique, il serait intéressant de vérifier si les phases intensives et les pauses du calendrier sont associées à des signaux perceptibles dans les profils verticaux de l'atmosphère que nous établissons quotidiennement sur nos aéroports principaux à l'aide des données de radiosondage. De même, la mise en évidence d'éventuelles corrélations entre les phases actives du calendrier local et la recrudescence de phénomènes météorologiques dangereux pour l'aéronautique, serait d'une grande utilité pratique pour la planification des activités des entreprises en charge de la gestion de la sécurité de la navigation aérienne et des transporteurs aériens.

Liste des tableaux.

Liste des tableaux

Table des figures

Bibliographie

1. **Charney J., Quirk W.J., Show S.H. et Kornfield J.**, (1975): Dynamics of deserts and droughts in the Sahel. Quaterly Journal of the Royal Meteorological Society, 101, 428, p.193-202.

2. **Folland C.K., Palmer T.N. et Parker D.E.**, (1986): Sahel rainfall and worldwide sea temperatures. Nature, 320, p. 602-607.

3. **Dai A., Lamb J. P.** (2004); Comment the Sahel Drought is real. Int. J. climatol.24 : 1323-1331(2004).

4. **Sultan B.**, (2002): Etude de la mise en place de la mousson en Afrique de l'Ouest et de la variabilité intrasaisonnière de la convection. Applications à la sensibilité des rendements agricoles. Thèse de doctorat, Université Paris 7 - Denis Diderot, 283 p.

5. **Sultan B. et Janicot S.**, (2000): Abrupt shift of the ITCZ over West Africa and intraseasonal variability. Geophysical Research Letters, 27, p. 3353-3356.

6. **Louvet S., Fontaine B. et Roucou P.**, (2003): Active phases and pauses during the installation of the West African monsoon through 5-day CMAP rainfall data (1979-2001). Geophysical Research Letters, 30, p. 2271-2275.

7. **Dieng O., Roucou P. et Louvet S.**, (2008) : Variabilité intrasaisonnière des précipitations au Sénégal (1951-1996). Sécheresse, p. sous-presse.

8. **Giannini A., Saravanan R. et Chang P.**, (2003): Oceanic Forcing of Sahel Rainfall on Interannual to Interdecadal Time Scales. Science, DOI: 10.1126/science.1089357.

9. **Janicot S. et Fontaine B.**, (1993) : L'évolution des idées sur la variabilité interannuelle récente des précipitations en Afrique de l'Ouest. La Météorologie, 8, p. 28-53.

10. **Paturel J.E., Servat E., Lubes H., Kouame B., Ouedraogo M., Masson J.M.**, (1995) : Manifestations de la sécheresse en Afrique de l'Ouest non sahélienne. Cas de la Côte d'Ivoire, du Togo et du Benin. Sécheresse, vol 6, n°1, mars 1995.

11. **Janicot S.**, (1997): Le projet WAMP (West African Monsoon Project). Ateliers de Modélisation de l'Atmosphère, Toulouse, France. p. 117-119.

12. **Matthews A.J.**, (2004): Intraseasonal variability over tropical Africa during northern summer. Journal of Climate, 17, p. 2427-2440.

13. **Mounier F.**, (2005): La variabilité intrasaisonnière de la mousson de l'Afrique de l'Ouest et Centrale. Thèse de doctorat, École Polytechnique, 270 p.

14. **Nicholson S. et Palao I.**, (1993): A re-evaluation of rainfall variability in the Sahel. Part 1.Characteristics of rainfall fluctuations. International Journal of Climatology, 13, p. 371-389.

15. **Xie P. et Arkin P.A.**, (1997): Global precipitation: a 17-year monthly analysis based on gauge observations, satellite estimates, and numerical model outputs. Bulletin of American Meteorological Society, 78, 11, p. 2539-2558.

16. **Brooks N.**, (2004): Drought in the African Sahel: Long term perspectives and future prospects. Working paper. Tyndall Center for Climate Change Research.

17. **Courel, M.F., R.S. Randel and S.I. Rasool,** (1984); Surface albedo and the Sahel drought. Nature, 307, 528-531.

18. **Ali A., Lebel T., Amani A.** (2008): Signification et usage de l'indice pluviométrique du Sahel. Science et changements planétaires/ Sécheresse. Volume 19, Numéro 4, 227-35.

19. **Zeng N.**, (2003): Drought in the Sahel Science ; 301, 5647 ; Academic Research Library pg. 999.

20. **Cook K.H.**, (1999): Generation of the African Easterly Jet and Its Role in Determining West African Precipitation. Journal of Climate, 12, p. 1165-1184.

21. **Janicot S. et Sultan B.**, (2001): Intra-seasonal modulation of convection in the West African monsoon. Geophysical Research Letters, 28, 3, p. 523-526.

22. **Louvet,** (2006): Modulations intrasaisonnières de la mousson d'Afrique de l'Ouest et impacts sur les vecteurs du paludisme à Ndiop (Sénégal) : Diagnostics et Prévisibilité. Thèse de doctorat, Université de Bourgogne, 213 p.

23. **Guinko S.**, (1985) : La végétation de la Haute-Volta. Thèse d'Etat, Sciences Naturelles, Université de Bordeaux. 318p .

24. **Louvet S., Fontaine B. et Roucou P., (2007)** : Which rainfall dataset can be used to study African monsoon at intra-seasonal timescale? . http://www.ubourgogne. fr/climatologie/AMMA_D1.1.3/other_rainfall_product.htm.
25. **Saporta G.**, **(1990)** : Probabilités, analyse des données et statistiques. Technip, 493 p.

Résumé

L'objectif de notre travail, réalisé dans le cadre du stage de master II recherche Géobiosphère, a été d'étudier à l'échelle locale du Burkina Faso, les variations intrasaisonnières des précipitations de mousson. Une meilleure connaissance du phénomène à l'échelle locale est utile pour les besoins d'adaptation à cette variabilité qui impactent plusieurs secteurs d'activités. Notre revue bibliographique sur la thématique a montré qu'en plus de la Sécheresse au Sahel (Charney[1], 1975 ; Folland[2], 1986; Daï[3], 2004) qui a affecté négativement l'agriculture de la région, la variabilité intrasaisonnière des précipitations a un impact sur les rendements agricoles (Sultan[4], 2002) de la région. Au sujet de cette variabilité intrasaisonnière, Sultan[5] et Janicot, (2000), avaient déjà montré que la remontée de la ZCIT sur le continent n'était ni continue ni monotone, mais marquée par des sauts abrupts entre positions d'équilibres. A la suite des ces travaux, Louvet[6] et al. (2003) travaillant à l'échelle régional, ont mis en évidence et établi un calendrier de séquences d'intensification des pluies (phases actives) et de séquences de stagnation et régression (pauses). L'exploitation de ces importants résultats dans les secteurs soumis à la variabilité intrasaisonnière des précipitations, tels l'agriculture et la santé par exemple, nécessitent que ce calendrier soit précisé et adapté à des échelles locales plus fines.

Pour cette étude à l'échelle du Burkina Faso avec des données d'observations journalières couvrant la période allant de 1950 à 2008, nous avons constitué trois indices pluviométriques (Nord, Centre-Sud, Sud-ouest) à l'aide d'une méthode objective (classification ascendante hiérarchique). Ces données, mises à notre disposition par la Direction de la Météorologie du Burkina et l'IRD, ont été filtrées au filtre passe bas de Butterworth afin d'éliminer les fréquences inférieures à 30 jours dues aux fluctuations journalières et synoptiques. Sur quatre pauses obtenues par application d'un critère simple de définition de la pause, seuls les trois situées dans la période climatologique de la saison pluvieuse du Burkina ont été retenues. Un calendrier moyen des dates de chacune de ces pauses (pause 2 pause 3 pause 4) ainsi numérotées pour des fins de comparaison avec le calendrier régional, a été établi sur chaque indice, en faisant la moyenne arithmétique sur le nombre d'années dans lesquelles la pause a été détectée. Ainsi la pause 2 se situe en moyenne en début mai, la pause 3 en fin juin et la pause 4 en début août. Ce calendrier local concorde bien avec le calendrier régional, surtout les dates de fin de pauses. Une étude des variabilités de ces pauses a été faite dans le but de trouver des corrélations pouvant contribuer à prévoir ces pauses et certains paramètres intéressants du cycle annuel des précipitations (cumul saisonnier, date de fin de phase d'installation de la mousson, etc.). L'existence d'assez fortes corrélations linéaires positives et significatives a été mise en évidence entre les dates de pauses. Elles indiquent qu'un décalage dans la date d'occurrence d'une pause serait suivi d'un décalage de la pause suivante dans le même sens. Nous avons montré qu'en dehors de la pause 2 située juste au début de la saison de mousson, les dates des autres pauses (pause 3, pause 4) n'ont pas été affectées par la période de la sécheresse. En complément à l'étude des corrélations linéaires, d'autres formes de relations ont été explorées. Ainsi, les variations de valeurs de certains paramètres caractéristiques du cycle annuel des précipitations correspondant à des années de pauses (pause 2, pause 3) en avance ont été comparées à celles des années des mêmes pauses en retard. Il ressort qu'au niveau du Sud-ouest, comparativement aux années de pause 3 en retard, pour les années de pause 3 en avance, la moyenne du cumul pluviométrique saisonnier accuse un surplus de 89.68 millimètres et celle de la date de fin d'installation de la mousson un retard de 18 jours. Ces écarts testés significatifs au seuil de confiance de 95 %, peuvent contribuer avec d'autres indicateurs, à la prévision des déficits pluviométriques saisonniers et des durées des saisons de pluie de mousson.

Mots clés : Afrique de l'Ouest, Burkina Faso, Climatologie, mousson, pluviométrie.